海岸带生态补偿核算方法与实施机制研究

于锡军　周丽旋　梁明易　主编

中国环境出版集团·北京

图书在版编目（CIP）数据

海岸带生态补偿核算方法与实施机制研究/于锡军，周丽旋，梁明易主编. —北京：中国环境出版集团，2020.12
ISBN 978-7-5111-4537-6

Ⅰ. ①海… Ⅱ. ①于…②周…③梁… Ⅲ. ①海岸带—生态环境—补偿机制—研究—广东 Ⅳ. ①X321.265

中国版本图书馆 CIP 数据核字（2020）第 251391 号

出 版 人　武德凯
责任编辑　董蓓蓓
责任校对　任　丽
封面设计　彭　杉

出版发行　中国环境出版集团
（100062　北京市东城区广渠门内大街 16 号）
网　　址：http：//www.cesp.com.cn
电子邮箱：bjgl@cesp.com.cn
联系电话：010-67112765（编辑管理部）
发行热线：010-67125803，010-67113405（传真）
印　　刷　北京建宏印刷有限公司
经　　销　各地新华书店
版　　次　2020 年 12 月第 1 版
印　　次　2020 年 12 月第 1 次印刷
开　　本　787×1092　1/16
印　　张　12
字　　数　245 千字
定　　价　62.00 元

《海岸带生态补偿核算方法与实施机制研究》

编　委　会

主　编

于锡军　周丽旋　梁明易

成　员

（按姓氏拼音排序）

房巧丽　黄道建　罗赵慧

裴金玲　汪　涛　杨　晓

曾纪胜　张晓君　朱璐平

前　言

生态补偿制度是生态文明制度体系的重要组成，是协调生态环境保护和社会经济发展关系、畅通“绿水青山就是金山银山”转化通道的有力工具，是优质生态产品价值实现的重要途径。党的十八大把生态文明建设放在突出地位，加速建立生态补偿机制，并逐步形成基本覆盖我国禁止开发区、重点生态功能区等重要区域与森林、草原、湿地、水流、耕地等陆地生态系统重点领域的生态补偿制度。相对而言，我国海岸带、海洋重要生态功能区生态补偿探索与制度建立相对滞后。

海岸带是陆地与海洋的交接地带，兼受陆地和海洋的双重影响，分布有滨海湿地、红树林、海草床、珊瑚礁等典型生境，是地球系统中最有生机和活力的区域之一，为维持海洋的生物多样性提供了最佳场所，具有很高的自然能量和生物生产力，贡献了全球大约 25%的生物生产力，提供了 75%以上的海洋水产资源。海岸带生态环境具有“系统性、区域性、复合性、脆弱性”等特点，其生态环境破坏所带来的危害也具有“范围广、程度深、控制难、危害大”等特点，海岸带生态环境管理的任务更加复杂、更加艰巨。日益退化的海岸功能与沿海地区人民群众对优美海洋环境需求的不断提高，已成为一对突出的矛盾。

广东省是海洋大省，陆地海岸线长 4 114.3 km，是我国大陆岸线最长的省份。广东省具有明显的海洋经济特征，而海岸带是陆海一体化发展的核心区域，决定着全省经济社会发展布局。《广东省海岸带综合保护与利用总体规划》以海陆主体功能区规划为基础，划定“三区三线”，优化海岸带基础空间格局。其中，陆域规划生态空间、农业空间、城镇空间，面积比例约为 47∶34.5∶18.5。海域规划海洋生态空间、海洋生物资源利用空间和建设用海空间，面积比例约为 50.9∶42.3∶6.8。海岸带陆域生态空间和海洋生态空间，以提供生态服务或生态产品为主体功能，以生态保护为区域发展基调，亟需采取生态补偿政策以缓解区域生态保护和开发建设的矛盾。

课题组依托广东省海洋渔业科技与产业发展专项“广东省海岸带生态补偿技术方法及可持续发展战略研究”重点项目，以广东省为例，分析海岸带生态补偿的范围、主客体，从地区间海岸带生态保护责任均衡的角度，分别利用生态系统服务价值法和条件价值法研究海岸带生态补偿标准；根据“谁保护，谁受偿”的原则，利用条件价值法和损失补偿法研究海岸带严格保护区生态补偿标准。同时，就海岸带生态补偿资金管理、政策保障体系等关键问题进行研究，提出海岸带生态补偿工作方案，为海岸带生态环境管理提供技术支持，保障海岸带区域经济社会的可持续发展和海岸带生态环境的健康。本书便是基于课题研究成果整理而成。

本书由于锡军、周丽旋和梁明易主笔，房巧丽、黄道建、罗赵慧、裴金玲、汪涛、杨晓、曾纪胜、张晓君、朱璐平（按姓氏拼音排序）等参与编写。其中：第 1 章由周丽旋、于锡军和梁明易共同编写；第 2 章由裴金玲主笔，房巧丽参与编写；第 3 章由房巧丽主笔，曾纪胜、于锡军参与编写；第 4 章由黄道建主笔，罗赵慧参与编写；第 5 章由张晓君主笔，曾纪胜、汪涛参与编写；第 6 章由朱璐平主笔，罗赵慧、杨晓参与编写；第 7 章由杨晓主笔，房巧丽、朱璐平参与编写；第 8 章由曾纪胜主笔，梁明易、汪涛参与编写；第 9 章由罗赵慧主笔，黄道建、张晓君参与编写；第 10 章由于锡军主笔，周丽旋、梁明易参与编写。

本书在编著过程中，得到了生态环境部华南环境科学研究所和国家海洋局南海规划与环境研究院等单位的支持，在此表示衷心感谢。中国环境出版集团董蓓蓓编辑为本书的编辑出版付出了辛苦劳动，在此表示感谢！

目　录

第 1 章

总 论

1.1 项目背景

1.1.1 国家要求实现海洋等重点领域生态补偿全覆盖

我国高度重视生态补偿机制建设。2005 年，党的十六届五中全会通过的《中共中央关于制定国民经济和社会发展第十一个五年规划的建议》首次提出，按照“谁开发谁保护、谁受益谁补偿”的原则，加快建立生态补偿机制。《中华人民共和国国民经济和社会发展第十二个五年规划纲要》就建立生态补偿机制问题做了专门阐述，要求研究设立国家生态补偿专项资金，加快制定生态补偿条例。党的十八大报告明确要求建立反映市场供求和资源稀缺程度、体现生态价值和代际补偿的资源有偿使用制度和生态补偿制度。全国人大常委会于 2013 年 4 月审议了国务院关于生态补偿机制建设工作情况报告，并提出审议意见。2010 年，国务院将研究制定生态补偿条例列入立法计划。

建立和完善生态补偿制度是我国“十三五”生态文明制度建设重点任务之一。党的十八大提出大力推进生态文明建设，强调保护生态环境必须依靠制度。生态补偿机制建设工作是生态文明建设的一个重要方面、一种重要手段，要推动生态补偿的法制化、制度化和规范化。党的十八届三中全会公报提出紧紧围绕建设美丽中国、深化生态文明体制改革，加快建立生态文明制度，健全国土空间开发、资源节约利用、生态环境保护的体制机制，推动形成人与自然和谐发展的现代化建设新格局。建设生态文明，必须建立系统完整的生态文明制度体系，实行最严格的源头保护制度、损害赔偿制度、责任追究制度，完善环境治理和生态修复制度，用制度保护生态环境。2015 年 9 月，中共中央、国务院印发《生态文明体制改革总体方案》，提出到 2020 年，构建起由自然资源资产产权制度、资源有偿使用和生态补偿制度、环境治理体系、环境治理和生态保护市场体系、生态文明绩效评价考核和责任追究制度等八项制度构成的产权清晰、多元参与、激励约束并重、系统完整的生态文明制度体系。

2016 年 4 月，国务院办公厅发布的《关于健全生态保护补偿机制的意见》（国办发

〔2016〕31号）（以下简称《意见》）作为我国生态保护补偿方面的首个专门文件，是生态保护补偿的顶层制度设计，是指导重点领域补偿、重要区域补偿和地区间补偿的指导性文件。《意见》提出，“到2020年，实现森林、草原、湿地、荒漠、海洋、水流、耕地等重点领域和禁止开发区域、重点生态功能区等重要区域生态保护补偿全覆盖，补偿水平与经济社会发展状况相适应，跨地区、跨流域补偿试点示范取得明显进展，多元化补偿机制初步建立，基本建立符合我国国情的生态保护补偿制度体系，促进形成绿色生产方式和生活方式”。在海洋生态补偿领域，重点“完善捕捞渔民转产转业补助政策，提高转产转业补助标准。继续执行海洋伏季休渔渔民低保制度。健全增殖放流和水产养殖生态环境修复补助政策。研究建立国家级海洋自然保护区、海洋特别保护区生态保护补偿制度”。

《中华人民共和国国民经济和社会发展第十三个五年规划纲要》多次提到生态补偿，包括“加大对农产品主产区和重点生态功能区的转移支付力度，建立健全区域流域横向生态补偿机制”“加快建立多元化生态补偿机制，完善财政支持与生态保护成效挂钩机制”。《“十三五”生态环境保护规划》两次提到生态补偿，要求“制定生态保护红线管控措施，建立健全生态保护补偿机制，定期发布生态保护红线保护状况信息”和“加快建立多元化生态保护补偿机制”，提出“加大对重点生态功能区的转移支付力度，合理提高补偿标准，向生态敏感和脆弱地区、流域倾斜，推进有关转移支付分配与生态保护成效挂钩，探索资金、政策、产业及技术等多元互补方式。完善补偿范围，逐步实现森林、草原、湿地、荒漠、河流、海洋和耕地等重点领域和禁止开发区域、重点生态功能区等重要区域全覆盖”。

专栏 1.1 《中华人民共和国国民经济和社会发展第十三个五年规划纲要》关于生态补偿的内容

第九篇（推动区域协调发展）第三十七章（深入实施区域发展总体战略）第五节（健全区域协调发展机制）

创新区域合作机制，加强区域间、全流域的协调协作。完善对口支援制度和措施，通过发展“飞地经济”、共建园区等合作平台，建立互利共赢、共同发展的互助机制。建立健全生态保护补偿、资源开发补偿等区际利益平衡机制。鼓励国家级新区、国家级综合配套改革试验区、重点开发开放试验区等平台体制机制和运营模式创新。

第十篇（加快改善生态环境）第四十二章（加快建设主体功能区）第二节（健全主体功能区配套政策体系）

根据不同主体功能区定位要求，健全差别化的财政、产业、投资、人口流动、土地、资源开发、环境保护等政策，实行分类考核的绩效评价办法。重点生态功能区实行产业准入负面清单。加大对农产品主产区和重点生态功能区的转移支付力度，建立健全区域流域横向生态补偿机制。设立统一规范的国家生态文明试验区。建立国家公园体制，整合设立一批国家公园。

第十篇（加快改善生态环境）第四十七章（健全生态安全保障机制）第一节（完善生态环境保护制度）

落实生态空间用途管制，划定并严守生态保护红线，确保生态功能不降低、面积不减少、性质不改变。建立森林、草原、湿地总量管理制度。加快建立多元化生态补偿机制，完善财政支持与生态保护成效挂钩机制。建立覆盖资源开采、消耗、污染排放及资源性产品进出口等环节的绿色税收体系。研究建立生态价值评估制度，探索编制自然资源资产负债表，建立实物量核算账户。实行领导干部自然资源资产离任审计。建立健全生态环境损害评估和赔偿制度，落实损害责任终身追究制度。

2015年7月，《国家海洋局海洋生态文明建设实施方案（2015—2020年）》提出制定海洋生态补偿相关标准，加大对重点生态功能区的转移支付力度，探索流域、海域生态补偿机制以及海洋工程建设项目生态补偿机制。

2016年12月，财政部、环境保护部、国家发展改革委和水利部四部委联合发布了《关于加快建立流域上下游横向生态保护补偿机制的指导意见》，要求到2020年，各省（区、市）行政区域内流域上下游横向生态保护补偿机制基本建立；在具备重要饮用水功能及生态服务价值、受益主体明确、上下游补偿意愿强烈的跨省流域初步建立横向生态保护补偿机制，探索开展跨多个省份流域上下游横向生态保护补偿试点。到2025年，跨多个省份的流域上下游横向生态保护补偿试点范围进一步扩大；流域上下游横向生态保护补偿内容更加丰富、方式更加多样、评价方法更加科学合理、机制基本成熟定型，对流域保护和治理的支撑保障作用明显增强。

2019年11月，国家发展改革委发布《生态综合补偿试点方案》，决定以完善生态保护补偿机制为重点、以提高生态补偿资金使用整体效益为核心，在全国选择一批试点县开展生态综合补偿工作，创新生态补偿资金使用方式，拓宽资金筹集渠道，调动各方参与生态保护的积极性，转变生态保护地区的发展方式，增强自我发展能力，提升优质生态产品的供给能力，实现生态保护地区和受益地区的良性互动。

1.1.2　广东省积极推进生态补偿工作

《广东省国民经济和社会发展第十三个五年规划纲要》提出“完善重点生态功能区、禁止开发区的生态补偿机制”。《广东省环境保护“十三五”规划》提出健全生态环境保护补偿制度，进一步加大对重点生态功能区政策支持和财政转移支付力度，完善生态保护成效与资金分配、生态功能等级与生态补偿标准挂钩的激励约束机制；深化跨市河流交接断面水质达标考核，在省内有条件的地区探索开展生态补偿试点，建立流域生态补偿与污染赔偿双向机制。《广东省人民政府办公厅关于健全生态保护补偿机制的实施意见》（粤府办〔2016〕135号）提出“到2020年，实现森林、湿地、荒漠、海洋、水流、耕地等重点领域和禁止开发区域、重点生态功能区等重要区域生态保护补偿全覆盖”的总体目标。

2012年，广东省颁布实施《广东省生态保护补偿办法》，从2012年起，省财政每年安排生态保护补偿转移支付资金，对重点生态功能区的县（市）给予补偿和激励，主要用于生态环境保护和修复、保障改善民生、维持基层政权运转和社会稳定。2015年，广东省印发《改革和完善省对下财政转移支付制度的实施意见》，要求对生态地区实施奖补结合的转移支付机制，并提出一般性转移支付占比提高到60%或以上，保障性转移支付、生态地区转移支付和特殊困难地区转移支付总额占一般性转移支付的比重保持在60%以上。2019年6月，广东省开始实施《广东省生态保护区财政补偿转移支付办法》，将中央财政下达的重点生态功能区转移支付资金和省财政预算安排用于生态保护补偿的一般性转移支付资金整合为省级生态保护区财政补偿资金，重点对北部生态发展区、生态保护红线区、禁止开发区和特别保护区进行一般性财政转移支付。该政策覆盖了国家批准建立的广东省内6个国家级海洋特别保护区。

此外，深圳、中山、广州等城市积极开展生态补偿探索。2007年，深圳市人民政府发布实施《关于大鹏半岛保护与开发综合补偿办法》，规定为做好大鹏半岛保护与开发，决定对大鹏半岛原村民发放基本生活补助费标准为每人每月500元。2011年起，该标准调整为每人每月1 000元。大鹏新区管理委员会先后发布《大鹏半岛生态保护专项补助考核和实施细则（试行）》和《大鹏半岛生态保护专项补助管理和考核办法》，确保政策落实。2014年，中山市出台《中山市人民政府关于进一步完善生态补偿机制的实施意见》（中府〔2014〕72号），构建了“市财政主导，镇区财政支持”纵横向结合的资金筹集模式，成为广东省首个实施区域“统筹型”生态补偿的城市。2018年1月，中山市颁布实施《中山市人民政府关于进一步完善生态补偿机制的实施意见》（中府〔2018〕1号），首次将饮用水水源保护区纳入生态补偿体系，探索推进中山市分区域激励型财政政策和生态补偿横向转移支付方式，实现2018年中山市森林、水流、耕地等重点领域和禁止开发区域、重点生态功能区等重要区域生态补偿全覆盖的目标。2019年3月，广州市政府颁布实施《广州市生态保护补偿办法（试行）》，该办法提出广州市的生态保护补偿范围实行目录清单式管理。

1.1.3　相关法律政策要求进行生态补偿

2017 年 1 月，为优先保护海洋生态环境、加强海岸线保护与利用管理、实现自然岸线保有率的管控目标、构建科学合理的自然岸线格局，国家海洋局公布《海岸线保护与利用管理办法》，该管理办法提出对岸线进行分类保护，根据海岸线自然资源条件和开发程度，分为严格保护、限制开发和优化利用三个类别，其中，严格保护岸线主要包括优质沙滩、典型地质地貌景观、重要滨海湿地、红树林、珊瑚礁等所在海岸线，除国防安全需要外，禁止在严格保护岸线的保护范围内构建永久性建筑物、围填海、开采海砂、设置排污口等损害海岸地形地貌和生态环境的活动。限制开发岸线应严格控制改变海岸自然形态和影响海岸生态功能的开发利用活动，预留未来发展空间，严格海域使用审批。优化利用岸线应集中布局确需占用海岸线的建设项目，严格控制占用岸线长度，提高投资强度和利用效率，优化海岸线开发利用格局。《海岸线保护与利用管理办法》对海岸线采用按严格保护、限制开发和优化利用三个类别分别保护的做法，是开展海岸带生态补偿的基础。分类保护的做法客观导致了不同类别海岸线的开发程度及其发展权实现程度的不同，其中，优化利用岸线将得到充分的开发利用，而严格保护岸线的发展权将受到最严格的限制，这便导致了“不公平”的存在，海岸线生态保护的任务不对等地落在了部分海岸线、地区、群体和个人上，为了消除由此带来的“外部性”，有必要开展海岸带生态补偿。

2017 年 3 月，环境保护部发布的《近岸海域污染防治方案》提出，“在海洋重要生态功能区、海洋生态脆弱区、海洋生态敏感区等区域划定生态保护红线”，对于“导致生态保护红线范围内生态破坏的，应按照生态损害者赔偿、受益者付费、保护者得到合理补偿的原则，进行海洋生态补偿”。上述条款明确了近岸海域生态环境破坏者应依据“谁破坏，谁补偿”的原则进行生态补偿。2017 年 11 月，《中华人民共和国海洋环境保护法》修正审议通过，此次修正重点增加了海洋生态补偿的规定，第二十四条规定：“国家建立健全海洋生态保护补偿制度。开发利用海洋资源，应当根据海洋功能区划合理布局，严格遵守生态保护红线，不得造成海洋生态环境破坏。”《海洋环境保护法》这一规定为海洋和海岸带生态补偿提供了坚实的法律依据。

《广东省海洋生态文明建设行动计划（2016—2020 年）》提出“探索海洋生态补偿机制”的主要任务，提出“探索多元化的海洋生态补偿机制，制定海洋生态补偿暂行办法。对海洋、海岸工程建设而导致海洋生态改变的单位和个人，收取海洋生态损害赔偿和损失补偿。探索将海洋生态环境及渔业资源损害赔偿款用于收缴地的海洋生态补偿与海洋生态建设。探索建立结果导向的海洋生态补偿激励机制，将海洋生态补偿与当地的海洋生态保护及修复成效挂钩”。2017 年 10 月，《广东省沿海经济带综合发展规划（2017—2030 年）》要求在加强陆海生态红线的划定和管控时，“推动建立完善生态保护红线补偿机制，重点推进跨地区、跨流域补偿试点示范工作”。同时，健全主体功能区的政策支撑体系，严格执行差别化的财政、投资、产业、海域海岛、环境政策措施，推动优化开发区域和重点开发区域海洋自主创新能力建设和现代海洋产业体系建设，加大对限制开发区域的生态建设和转移支付力度，完善限制开发区域、禁止开发区域的生态补偿机制，强化激励性补偿。2017 年 10 月，《广东省海岸带综合保护与利用总体规划》印发实施，提出“推动建立生态补偿机制，探索建立以生态积分作为生态系统服务价值评估的定量依据，以河口、海岛、红树林、珊瑚礁等典型海洋生态系统作为折算生态积分的定量实体，建立基于可交易生态积分的生态账户制度。探索完善生态积分与生态产品的价格形成机制，培育和发展海岸带生态产品交易。制定出台海岸带生态补偿管理办法，实施生态损害补偿制度”。2017 年 10 月，《广东省人民政府办公厅关于推动我省海域和无居民海岛使用“放管服”改革工作的意见》提出探索推行海岸线有偿使用制度，制定海岸线价值评估技术规范，对占用海岸线的项目按差别化标准征收海域使用金，探索自然岸线异地有偿补充或异地修复制度。2019 年 4 月出台的《关于推进广东省海岸带保护与利用综合示范区建设的指导意见》（粤自然资发〔2019〕37 号）提出，推进大陆自然岸线指标交易，探索自然岸线异地有偿使用。

1.2 研究的必要性与紧迫性

1.2.1 海岸带生态保护意义重大且任务艰巨

海岸带是陆地与海洋的交接地带，兼受陆地和海洋的双重影响，是地球系统中最有生机和活力的区域之一，为维持海洋的生物多样性提供了最佳场所，具有很高的自然能量和生物生产力，贡献了全球大约 25%的生物生产力，提供了 75%以上的海洋水产资源。海岸带分布有大量的典型生境，包括滨海湿地、红树林、海草床、珊瑚礁等。海岸带生态环境具有“系统性、区域性、复合性、脆弱性”等特点，其生态环境破坏所带来的危害也具有“范围广、程度深、控制难、危害大”等特点，海岸带生态环境管理的任务更加复杂、更加艰巨。日益退化的海岸功能与沿海地区人民群众对优美海洋环境需求的不断提高，已成为一对突出的矛盾。

2017 年 10 月，《广东省海洋生态红线》获省政府批复并正式对外印发，共划定了 13 类、268 个海洋生态红线区，确定了广东省大陆自然岸线保有率、海岛自然岸线保有率、近岸海域水质优良（一类、二类）比例等控制指标，是广东省海洋生态安全的基本保障和底线，必须严守，不得突破。《广东省海洋生态红线》所确定的预期控制指标为：海洋生态红线区面积占全省管辖海域面积的比例为 28.07%；大陆自然岸线保有率为 35.15%；

海岛自然岸线保有率为 85.25%，全省海岛保持现有砂质岸线长度不变；近岸海域水质优良（一类、二类）比例到 2020 年达到 85%。2017 年 10 月，《广东省海岸带综合保护与利用总体规划》印发实施，提出“形成滩净湾美的蓝色生态海岸带”的目标，并提出了陆域生态保护红线面积、海洋生态红线区面积、自然岸线保有率等指标目标。2019 年 4 月出台的《广东省加强滨海湿地保护　严格管控围填海实施方案》（粤府〔2019〕33 号）强调“严守海洋生态红线”，要求“确保海洋生态红线区面积不减少、大陆自然岸线保有率标准不降低、海岛现有砂质岸线长度不缩短”，这就要求正确处理海岸带保护和发展的关系。

1.2.2　海岸带保护与利用冲突

我国县级海岸带地区以 2.7%的土地承载着全国 13.3%的人口，创造了 21%的国内生产总值，承担了 78.4%的进出口贸易总额。我国海岸带地区承载了众多的基于陆地和基于海洋的人类活动和其他用途，包括围海养殖、港口航运、渔业捕捞、滨海旅游、石油和天然气勘探开发、海上风能和波浪能等海洋可再生能源开发、海底电缆和管道铺设、离岸水产养殖、海洋野生动物和海洋生态系统保护等。随着人口、市场、资源向沿海地区集聚，经济社会发展对海岸带地区的需求快速增长。海岸带处于众多的相互重叠、冲突的利益威胁之下。人类对海岸线的各种利用之间，如海上风能开发与渔业养殖之间、人类利用与资源环境保护之间、港口发展与海洋保护区建设之间，都可能会产生冲突。

随着经济社会发展，海岸带开发利用强度增加，近年来，我国海岸线人工化趋势明显，1990 年我国的人工海岸线占海岸线的比重仅为 18%，2017 年已经达到了 55%。2018 年年底，全国海岸线总长达到 20 780 km，其中 12 839 km 为人工海岸线，各地人工海岸线的比例平均已经突破 70%。江苏、上海人工海岸线比例超过 90%，天津市基本没有自然海岸线，说明我国自然海岸线已经遭受严重破坏，开发利用程度非常之高[1]。据调查，剩余 30%左右未开发利用的海岸线中，包括了许多难以开发的基岩陡崖海岸线，还有些重要的景观和生态海岸线。

广东省作为海洋大省，海岸带是全省经济社会发展的重要空间载体，但也存在大量围填海导致海岸带生态环境质量下降、生态系统服务功能降低等问题。2018 年 7 月国家海洋督察组向广东省政府反馈的例行督察和围填海专项督察情况显示，2002 年以来，广东省实际填海成陆 14 027.84 hm^2，其中 17.32%空置；广东省合法审批的入海排污口仅 125 个，开展监测的 75 个入海排污口中，有 26 个连续五年超标排放，部分重点排污口邻近海域水质常年超标；广东省海水养殖面积约 19.6 万 hm^2，办理海域使用权证的面积仅 2.67 万 hm^2，确权面积仅占 13.6%，大部分养殖用海未纳入海域使用管理。

---

1 郑苗壮. 认识海岸带保护利用的矛盾冲突. 中国海洋报，2019-02-26.

海岸带保护与利用冲突矛盾无法得到缓解，已经造成广东省海洋特色生态系统和渔业资源衰退，局部区域生态系统功能下降，部分近岸海域环境污染严重，海岸带生态环境压力日益增大。2018 年，全省近岸海域水质优良面积占比 79.3%，三类、四类和劣四类水质面积占比分别为 5.1%、3.9%和 11.7%。近岸海域功能区点位水质达标率 65.7%，13 个沿海城市中东莞、中山和江门 3 个地级市水质达标率为 0%。2017 年广东省监测的 73 个代表性入海排污口中有 28.8%超标排放，珠江、榕江、练江、深圳河、黄冈河等主要入海河流径流携带入海的 COD、石油类、营养盐、重金属和砷等污染物共 347.61 万 t。广东南海北部大陆架底层渔业资源密度已不足 20 世纪 70 年代的 1/9，红树林、珊瑚礁、海草床等典型海洋生态系统衰退严重。广东省约有 21.6%的海岸线遭受不同程度的侵蚀，部分功能退化丧失，风暴潮、赤潮等海洋灾害频发。

综上所述，有必要基于海岸带开发的生态补偿技术方法研究，提出海岸带生态补偿管理的对策建议，为海岸带生态环境管理提供技术支持，保障海岸带区域经济社会可持续发展和海岸带生态环境健康。

1.3 研究目标

海洋经济综合试验区建设为广东省海洋经济发展带来了新的契机和机遇，同时，也对海洋特别是海岸带的生态安全带来了巨大压力和生态风险，“在保护中发展，在发展中保护”是广东省海洋经济科学发展的必然选择。本书力图构建“既体现了海岸带开发利用者的生态保护责任和义务，又体现了海岸带生态保护者获得补偿的权利”的海岸带生态补偿政策，促进广东省海洋经济生态化发展，保障海岸带资源可持续开发利用，形成海洋经济发展与海岸带生态安全的共赢局面。

1.4 主要工作内容

1.4.1 国内外海岸带生态补偿经验梳理及借鉴

对国内外海岸带生态补偿研究成果和我国各级政府开展的海岸带生态补偿实践进行系统调研、分析和梳理，总结各个区域层面开展海岸带生态补偿制度建设和实践的经验，为广东省海岸带生态补偿政策设计提供支撑和指导。

1.4.2 海岸带生态补偿范围与主客体研究

针对广东省海岸带开发利用现状与发展趋势，分析未来一阶段全省海岸带生态环境主要压力。根据《广东省海洋功能区划（2011—2020）》《广东省海洋环境保护规划》《广东海洋经济综合试验区发展规划》《广东省发展临海工业实施方案》和《广东美丽海湾建设规划》等规划政策文件，从区域生态安全保障和生态脆弱性的角度，识别广东省海岸带重要生态功能区，进而研究确定广东省海岸带生态补偿范围。另外，重点识别广东省主要海岸带开发利用行为及其生态环境影响，例如，填海工程、临海工业等，筛选纳入海岸带生态补偿的海岸带开发利用行为类型，并分析上述海岸带开发利用行为生态补偿的具体对象。

1.4.3　海岸带生态补偿标准核算方法体系研究

针对广东省海岸带生态补偿的范围和类型，利用生态服务价值核算法、条件价值分析法、影子工程法和损失补偿法等理论方法，研究建立广东省海岸带生态补偿标准核算方法体系，为广东省开展海岸带生态补偿提供资金核算依据。

1.4.4　广东省海岸带生态补偿资金收集、使用和管理机制构建研究

研究广东省海岸带生态补偿主体间生态补偿资金收集方式、生态补偿资金在不同客体间的分配，以及生态补偿资金全过程管理模式。并围绕滨海湿地等海岸带重要生态功能区保护需求，研究生态补偿资金用途及其使用监督管理措施等。

1.4.5　广东省海岸带生态补偿政策保障体系研究

在公共管理学指导下，重点研究海洋、林业、渔业、土地、水利等部门在广东省海岸带生态补偿中的职责分配和跨部门海岸带生态补偿协调机制。围绕海岸带生态补偿政策目标的实现，探索研究广东省海岸带生态补偿评估机制和监督机制。

1.4.6　广东省海岸带生态补偿工作实施步骤研究

广东省海岸带生态补偿制度需要深入研究和完善的地方很多，不可能一蹴而就，应有次序、有步骤地建立广东省海岸带生态补偿制度。本章从海岸带生态补偿政策的现实需求与客观条件成熟程度出发，制定广东省海岸带生态补偿机制实施路线图，重点确定广东省海岸带生态补偿的关键环节、优先领域与实施步骤。

1.5　技术路线

本书的技术路线如图 1-1 所示。

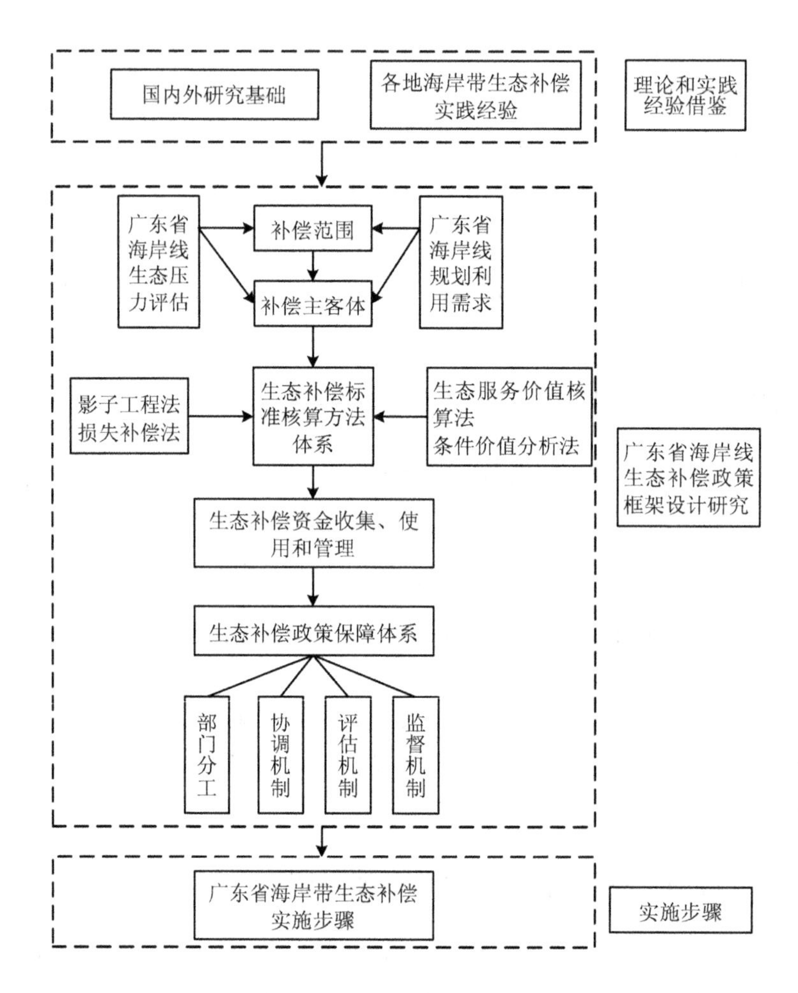
国内外研究基础
各地海岸带生态补偿实践经验
理论和实践经验借鉴
广东省海岸线生态压力评估
补偿范围
补偿主客体
广东省海岸线规划利用需求
影子工程法
损失补偿法
生态补偿标准核算方法体系
生态服务价值核算法
条件价值分析法
广东省海岸线生态补偿政策框架设计研究
生态补偿资金收集、使用和管理
生态补偿政策保障体系
部门分工
协调机制
评估机制
监督机制
广东省海岸带生态补偿实施步骤
实施步骤

图 1-1　本书技术路线

第2章

生态补偿的理论基础与研究方法

2.1 生态补偿的理论基础

2.1.1 生态服务系统价值理论

随着生态环境破坏日益加剧，人类逐渐意识到生态系统的物质转换、能量流动以及信息传递等功能在人类生存发展过程中的重要作用和生态系统本身的价值。许多学者对生态系统服务价值开展了研究[2-9]。千年生态系统评估（MA）是较为有影响力的报告[10-12]，它评估了生态系统及其服务功能不断变化的状况、引起生态系统变化的原因，以及生态系统变化对人类福祉带来的后果；评估了陆地、淡水和海洋系统，以及一系列生态系统的服务功能，包括食物、木材、空气质量的调节、养分循环、脱毒、娱乐和审美服务功能。人类应该充分认识到生态系统为人类提供了供给功能、支持功能、调节功能和文化功能。因此，人类在进行与生态系统管理有关的决策时，既要兼顾人类福祉，也要考虑生态系统的内在价值。MA 认为[13]，生态补偿是促进生态环境保护的一种经济手段，而实

---

2 James B，Lisa W. Measuring ecosystem service benefits：the use of landscape analysis to evaluate environmental trades and compensation[J]. Resources For The Future，2003，（6）：2-63.

3 Lu Y，Wang J，Wei L Y，et al. Land use change and its impact on values of ecosystem services in the West of Jilin Province[J]. WuHan University Journal of Natural Sicences，2008，11（4）：1028-1034.

4 Ian J B，Georgina M M，Carlo F，et al. Economic analysis for ecosystem service assessments[J]. Environmental and Resource Economics，2011，48（2）：177-228.

5 闵捷，高魏，李晓云，等. 武汉市土地利用与生态系统服务价值的时空变化分析[J]. 水土保持学报，200，20（4）：170-174.

6 王兵，鲁绍伟. 中国经济林生态系统服务价值评估[J]. 应用生态学报，2009，20（2）：417-425.

7 王建，祁天，陈正华，等. 基于遥感技术的生态系统服务价值动态评估模型研究[J]. 冰川冻土，2006，28（5）：739-747.

8 周永章，王树功. 生态、义务、价格：实现国土生态安全体系的构想[J]. 环境，2007（3）：68-68.

9 王俊舜，周永章. 面向国土主功能区划的生态市场机制构建与分析[J]. 中国可持续发展研究论坛（IV），2007：236-240.

10 赵士洞，张永民. 生态系统与人类福祉——千年生态系统评估的成就、贡献和展望[J]. 地球科学进展，2006，21（9）：895-902.

11 李团胜，程水英. 千年生态系统评估及我国的对策[J]. 水土保持通报，2003，23（1）：7-11.

12 Paul D R. Global scenarios：background review for the millennium ecosystem assessment [J]. Ecosystems，2005，8（2）：133-142.

13 Millennium ecosystem assessmen. Ecosystems and human well-being：a framework for assessment[M]. Washington DC：Island Press，2003.

施生态补偿的理论依据则是对于生态环境特征与价值的科学界定。

2.1.2 外部性理论与产权理论

外部性理论是环境经济学的理论基础，同时也是政府制定环境保护政策的理论支柱。根据自然资源在生产和消费中所产生的影响将外部性分为正外部性和负外部性，正外部性即为生产消费活动产生的外部效益，负外部性即为生产消费活动带来环境破坏产生的外部成本[14]。前者带来的环境效益被他人无偿分享，后者所带来的环境污染和破坏也没有纳入生产者成本中。只要外部性问题扩展到区域经济范畴，所谓区际外部性便会产生。例如，一个区域经济高速增长所带来的污染、环境破坏与资源短缺压力会被转嫁到其他区域。根据陈秀山等的观点，所有区域经济活动都具有区际外部性，区域之间的经济利益矛盾和区域与整体之间的利益矛盾正是由于这种外部性（尤其是负外部性）的存在而导致的[15]。此外，水和大气污染不是固定源，它们会发生转移和扩散，顺着河流的流向，常常会出现上游污染、下游损失的现象[16]，而大气则会随着气流运动蔓延在区域间。由于区际生态物品外部性广泛存在，治理污染单纯依靠区域自身的力量过小，因此，生态经济政策的实行需要区域间的通力配合。

研究表明[17-20]，对于资源类生态物品来说，区域间产权界定不清晰的问题经常会导致使用权限上的利益冲突。比如，区域间对水资源的使用存在较强的竞争性，经常要进行区域间水资源的博弈和协调；森林资源则更特殊，由于森林在调节气候方面有不可替代的作用，因此，必须考虑森林对周围区域气候的影响程度等外部性因素，不能毫无限制地任意开采，因此将不得不放弃部分本区域的经济利益[21]。庇古在《福利经济学》中对私人成本和社会成本之间的差异分析显示，正是由于外部性的存在从而造成市场机制无法发挥作用即市场失灵的原因是外部性的存在，而政府干预则是解决市场失灵的外部力量。一方面征税限制造成外部不经济的生产者的生产；另一方面给生产外部经济的生产

---

14 完颜素娟，王翊. 外部性理论与生态补偿[J]. 中国水土保持，2007，12：17-20.

15 陈秀山，张可云. 区域经济理论[M]. 北京：商务印书馆，2004.

16 Sina C. CNY 41bn spent on soil and water conservation[M].London：China Business Daily News，2005.

17 Mark W R.，Renato G S. Establishing tradable water rights：implementation of the Mexican water law[J]. Irrigation and Drainage Systems，1996，10（3）：263-279.

18 Zheng H，Wang Z J，Hu S，et al. A comparative study of the performance of public waterrights allocation in China[J]. Water Resources Management，2012，26（5）：1107-1123.

19 陈洪转，羊震，杨向辉. 我国水权交易博弈定价决策机理[J]. 水力学报，2006，37（11）：1407-1410.

20 李亚津. 跨区域水权交易法律问题研究——以东阳—义乌水权交易案为例[D]. 兰州：兰州大学，2013.

21 Murray B C，Abt R C. Estimating price compensation requirements for eco-certified forestry[J]. Ecological Economics，2001，36（2）：149-163.

者补贴从而达到帕累托最优[22]。资料分析显示[23-26]，外部性理论在生态保护领域已经得到广泛的运用，具体利用征税、补贴等不同手段实现，例如，排污收费制度、退耕还林制度等。

与庇古所强调的外部性产生原因在于市场失灵，必须通过政府干预来解决的观点相反，科斯认为不能将外部性简单地看成市场失灵[27]。双方产权界定不清是外部性问题的实质所在，从而产生了利益边界和行为权利不明晰的现象，继而产生了外部性问题。因此，解决外部性问题的关键在于明确产权，即确定人们是否有利用自己的财产采取某种行动并造成相应后果的权利。同时提出了科斯第一定理：如果交易费用为零，产权清晰明确，那么无论最初如何界定产权，都可以通过市场交易消除外部性。科斯进一步对市场交易费用不为零的情况进行了探讨，由此提出科斯第二定理：当交易费用为正且较小时，可以通过从一开始就合法界定权利的方式来提高资源配置效率，从而实现外部效应内部化。

研究表明[28-32]，一方面，资源环境在开发利用过程中，存在大量的外部性问题；另一方面，资源环境相对于其他生产要素而言产权界定特别复杂。我国经济管理体制转型时期，更是如此。外部性理论对应的生态补偿主体、时空尺度不同时，会有不同的内涵，合理解决外部性的生态补偿手段和途径也不尽相同。因此，生态补偿应在明确界定资源产权的前提下，通过体现超越产权界定边界的行为的成本，或通过市场交易体现产权转让的成本，从而引导经济主体采取成本更低的行为方式，使资源和环境实现可持续开发利用，实现经济发展与生态保护的平衡。

2.1.3 公共物品理论

根据微观经济学理论，社会产品分为私人物品和公共物品两大类[33]。公共物品的严格定义是萨缪尔森提出的，纯粹的公共物品是指不会因为每个人的消费而导致别人对该物品消费的减少。非竞争性和非排他性是公共物品的两个重要特性。这两种特性决定了在

---

22 彭春凝. 论生态补偿机制中的政府干预[J]. 西南民族大学学报（人文社科版），2007，(191)：105-109.

23 张蕾. 我国西部退耕还林的经济学分析：基于外部性视角[J]. 林业经济，2008，(6)：58-62.

24 邓春燕. 基于外部性理论的耕地保护经济补偿研究——以长寿区为例[J]. 重庆：西南大学，2012.

25 肖建. 基于外部性理论的流域水生态补偿研究——以太湖流域为例[D]. 赣州：江西理工大学，2012.

26 付寿康. 基于外部性理论的集体农用地征收补偿标准研究[D]. 南昌：江西师范大学，2013.

27 科斯. 财产权利与制度变迁[M]. 上海：上海三联书店，1994.

28 Owen A D. Environmental externalities，market distortions and the economics of renewable energy technologies[J]. Energy Journal，2004，25（3）：127-156.

29 Elamin H E，Terry L R. On endogenous growth：the implications of environmental externalities[J]. Regular Article，1996，31（2）：240-268.

30 王海龙，赵光州. 循环经济对资源环境外部性的作用及问题探讨[J]. 经济问题探索，2007，(2)：22-26.

31 毛显强，钟瑜，张胜. 生态补偿的理论探讨[J]. 中国人口•资源与环境，2002，12（4）：38-41.

32 柯水发，温亚利. 森林资源环境产权补偿机制构想[J]. 北京林业大学学报（社会科学版），2004，3（3）：37-40.

33 董小君. 主体功能区建设的“公平”缺失与生态补偿机制[J]. 国家行政学院报，2009，(1)：38-41.

消费公共物品的过程中将出现两个现象："搭便车"和"公地悲剧"[34]。

研究显示[35-39]，生态环境在很大程度上属于公共物品，基于生态环境整体性、区域性和外部性等特征，任何个体都可以使用，而又不需要支付相应的费用且缺乏相应的管理和约束，因此，当全社会对生态环境使用的强度超过生态环境的阈值时，便造成严重的环境污染和生态环境破坏，"公地悲剧"随之发生。此外，"搭便车"心理往往由消费中的非排他性引起，最终产生供给不足的现象。因此，公共物品的本质特征决定了代表私人利益的政府提供公共物品的必要性，提供优质的公共物品是政府活动的主要领域和首要职能。解决公共物品的有效机制之一是政府买单和管制，但这也不是唯一的机制。如何实现受益者付费才能保证生态环境保护中像生产私人物品那样得到有效激励，还有待进一步探索。

根据上述分析可以看出，要保证生态环境这一公共物品的有效供给，应设计这样的一种制度：通过一定的政策手段实现生态保护外部成本的内部化，让生态保护成果的受益者对保护者支付相应的费用；利用制度设计解决好生态产品消费中的"搭便车"现象；生态保护者的合理回报通过制度创新来解决，促使人们进行生态保护投资并使生态资本增值。

2.1.4 生态资本理论

学者认为[40,41]，"生态资本"，又称"自然资本"，生态环境在功效上对人类的作用是非常重要的。同时，生态环境又是我们创造财富的要素之一[42-44]。

可以通过级差地租或者影子价格的方式来反映土地、动物、森林、水体等环境资源的经济价值，进而实现生态资源的资本化。前人研究表明[42-44]，生态资本主要包括以下三个方面：能直接进入当前社会生产与再生产过程的自然资源；自然资源（及环境）的质量变化和再生量变化，即生态潜力；生态环境质量，这里是指水、大气、土壤等各种生

34 张翼飞，陈红敏，李瑾. 应用意愿价值评估法科学制定生态补偿标准[J]. 生态经济，2009，38（1）：28-31.

35 Samuelson P A. The pure theory of public expenditures[J]. The Review of Economics and Statistics，1954（3）：387-392.

36 Uchanan R.An Economic Theory of Clubs[J].Economics，1965，（32）：1-14.

37 马纤. 公共物品理论视野下的社区矫正——一种法经济学的分析[J]. 甘肃社会科学，2007，（3）：25-28.

38 沈满红，谢慧明. 公共物品问题及其解决思路——公共物品理论文献综述[J]. 浙江大学学报（人文社会科学版），2009，39（6）：133-144.

39 谷国峰，黄亮，李洪波. 基于公共物品理论的生态补偿模式研究[J]. 商业研究，2010，（395）：33-36.

40 Wang Y，Ma L，Long Z Y，et al. The research methods based on emergy theory of the value of natural capital[J]. Advanced Materials Research，2013，664（10）：353-357.

41 范金，周忠民，包振强. 生态资本综述[J]. 预测，2000，（5）：79-80.

42 孔凡斌. 中国生态补偿机制理论、实践与政策设计[M]. 北京：中国环境科学出版社，2010.

43 牛新国，杨贵生，刘志健，等. 略论生态资本[J]. 中国环境管理，2002，（1）：18-19.

44 郑海霞. 中国流域生态服务补偿机制与政策研究——以 4 个典型流域为例[D]. 北京：中国农业科学院农业经济与发展研究所，2006.

态因子，为人类生命和社会生产消费所必需的环境资源。而生态系统整体价值就通过各类环境要素对人类社会发展的效用总和来体现。

随着科学技术的进步和生产力水平的提高，生态资本存量的增加在经济发展中所发挥的作用越来越显著。但生态保护者常常由于生态产品的公共属性而不能得到生态资本增值的相应回报。前人研究表明[45-48]，从生态资源到生态资本，不仅经历了实物名称表达的变化，而且对加强资源环境管理有更深层次的意义。而实现生态资源资本化是确定生态补偿的主客体、建立生态补偿制度的重要途径。另外，生态资本理论是生态补偿的主要理论依据和基础，体现了区域环境、水资源和水环境的重要价值。

2.1.5 区域分工理论

研究表明[49-51]，按照成本学说和要素禀赋学说，在资源和要素不能完全、自由流动的前提下，为了满足各自生产、生活的各种方面的需求，提高经济效益，根据区域比较优势的原则，选择和发展优势产业，区域之间便产生了分工。区域分工使得各区域充分发挥资源、要素、区位等优势，合理利用资源，各区域的经济效益和国民经济发展的总体效益得到了较大提高。传统分工仅仅停留在经济内部或者社会内部，基于开发型经济取向和保护型生态取向，不同主体功能区形成了更广义上和更高层次的分工。前人研究表明[52-55]，区域分工理论为主体功能区生态补偿提供了依据，对打破传统补偿双方的对立性、二元性，重塑平等性、互补性的新型补偿关系具有重要意义。区域分工理论是主体功能区生态补偿的宏观理论基础，对突出主体功能区生态补偿有着深远的意义。

---

45 Anne M A，John A L，Michael M，et al. A method for valuing global ecosystem services[J]. Ecological Economics，1998，27（2）：161-170.
46 严立冬，谭波，刘加林. 生态资本化：生态资源的价值实现[D]. 武汉：中南财经政法大学，2009.
47 李世聪，易旭东. 生态资本价值核算理论研究[J]. 统计与决策，2005，（9）：4-6.
48 邵道萍，于爽. 浅谈生态资本与可持续发展[J]. 天水师范学院学报，2006，（7）：42-44.
49 Andrés R C. The division of labor and economic development [J]. Journal of Development Economics，1996，49（1）：3-32.
50 燕守广，沈渭寿，邹长新，等. 重要生态功能区生态补偿研究[J]. 中国人口 • 资源与环境，2010，20（3）：1-4.
51 聂辉华. 新古典分工理论与欠发达区域的分工抉择[J]. 经济科学，2002，（3）：112-120.
52 Newman. Changing patterns of regional governance in the EU[J]. Urban Studies，2000，37（5）：895-909.
53 贺思源. 郭继. 主体功能区划背景下生态补偿制度的构建和完善[J]. 特区经济，2006，（11）：194-195.
54 孟宜召，朱传耿，渠爱雪. 我国主体功能区生态补偿思路研究[J]. 中国人口 • 资源与环境，2008，2（18）：139-144.
55 陈潇潇，朱传耿. 试论主体功能区对我国区域管理的影响[J]. 经济问题探索，2010，（12）：21-25.

2.2 生态补偿标准研究方法

2.2.1 五类生态补偿标准来源

已有研究表明[56-61]，生态补偿标准的确定依据主要包括以下内容：① 实际支出用于生态环境的保护、建设、修复等各种行为的成本费用；② 因保护生态环境而丧失发展机会的居民生活水平和政府财政收入减少部分；③ 由于他人合法使用生态环境资源而受到的相关损失；④ 通过合同约定因生态环境资源的使用而应当补偿的费用；⑤ 生态环境保护和自然资源利用的宣传、教育、科研等投入；⑥ 对使用绿色节能产品和技术而给予的扶持、鼓励和奖励；⑦ 合法利用生态环境和自然资源应当支付的费用。

在现有研究中，生态补偿标准的来源一般有以下五类[62-66]：一是生态保护者的直接投入和机会成本的损失，二是生态受益者的获利，三是生态破坏的恢复成本，四是生态系统服务价值，五是生态足迹。

2.2.1.1 生态保护者的直接投入和机会成本

生态保护者为了保护生态环境投入了大量的人力、物力和财力，应该将其纳入补偿标准的计算中。同时，生态保护者因保护生态环境而牺牲的部分发展机会成本也应纳入补偿标准的计算中。研究表明[67-69]，从理论上讲，生态补偿的最低标准应该是投资的直接成本与机会成本总和[68]。

---

56 王兴杰，张骞之，刘晓雯，等. 生态补偿的概念、标准及政府的作用——基于人类活动对生态系统作用类型分析[J]. 中国人口・资源与环境，2010，20（5）：41-50.

57 李怀恩，尚小英，王媛. 流域生态补偿标准计算方法研究进展[J]. 西北大学学报（自然科学版），2009，39（5）：667-672.

58 赖力，黄贤金，刘伟良. 生态补偿理论、方法研究进展[J]. 生态学报，2008，28（4）：2870-2877.

59 钟华，姜志德，代富强. 水资源保护生态补偿标准量化研究——以渭源县为例[J]. 安徽农业科学，2008，36（20）：8752-8754.

60 秦艳红，康慕谊. 国内外生态补偿现状及其完善措施[J]. 自然资源学报，2007，22（4）：557-567.

61 陈瑞莲，胡熠. 我国流域区际生态补偿：依据、模式与机制[J]. 学术研究，2005，9（7）：71-74.

62 胡小华，方红亚，刘足根，等. 建立东江源生态补偿机制的探讨[J]. 环境保护，2008（2）：39-43.

63 杨光梅，闵庆文，李文华，等. 我国生态补偿研究中的科学问题[J]. 生态学报，2007，27（10）：4289-4370.

64 李文华，李世东，李芬，等. 森林生态补偿机制若干重点问题研究[J]. 中国人口・资源与环境，2007，17（2）：13-18.

65 俞海，任勇. 流域生态补偿机制的关键问题分析[J]. 资源科学，2007，29（2）：28-33.

66 章锦河，张捷，梁玥琳，等. 九寨沟旅游生态足迹与生态补偿分析[J]. 自然资源学报，2005，20（5）：735-744.

67 杨丽韫，甄霖，吴松涛. 我国生态补偿主客体界定与标准核算方法分析[J]. 生态经济，2010，（1）：298-302.

68 中国生态补偿机制与政策研究课题组. 中国生态补偿机制与政策研究[M]. 北京：科学出版社，2007.

69 刘玉龙，许凤冉，张春玲. 流域生态补偿标准计算模型研究[J]. 中国水利，2006，（22）：35-38.

2.2.1.2　生态受益者的获利

生态受益者并没有对本身所享有的产品和服务进行支付，这样就导致生态保护者的保护行为没有得到应有的回报，导致产生了正外部性。为了使这部分正外部性内部化，生态受益者需要将这部分费用支付给生态保护者。因此，可通过产品或服务的市场交易价格和交易量来计算补偿标准。

研究表明，市场交易确定补偿标准的方法较为简单易行，同时有利于激励生态保护者采用新技术来降低生态保护的成本，促使生态保护不断发展。

2.2.1.3　生态破坏的恢复成本

资源开发活动将导致一定区域内的植被破坏、水土流失、水资源破坏、生物种类减少等，直接影响到地区的水源涵养、水土保持、景观美化、气候调节、生物供养等生态系统服务功能，减少了社会福利。

前人研究表明[62,70,71]，按照“谁破坏，谁恢复”的原则，应将环境治理与生态恢复的成本作为生态补偿标准核算的参考。

2.2.1.4　生态系统服务价值

生态系统服务价值评估主要是对水土保持、水源涵养、气候调节、生物多样性保护、景观美化等生态服务功能价值进行综合评估与核算。国内外对相关的评估方法已经进行了大量的研究[72-76]。就目前的实际情况来看，由于在指标的采用、价值的估算等方面都还没有统一的标准，且生态系统服务价值与现实的补偿能力之间往往存在较大的差距，大多数研究认为，以生态系统服务价值为依据而计算的生态补偿标准，一般应作为生态补偿标准的参考和理论上限[77]。

---

70 刘晓红，虞锡军. 基于流域水生态保护的跨界水污染补偿标准研究——关于太湖流域的实证分析[J]. 生态经济，2007，(8)：129-135.

71 姜德文，郭孟霞，毕华兴，等. 水土保持生态补偿理论与机制[J]. 中国水土保持科学，2007，4（6）：93-98.

72 戴君虎，王焕炯，王红丽，等. 生态系统服务价值评估理论框架与生态补偿实践[J]. 地理科学进展，2012，31（7）：963-969.

73 王女杰，刘建，吴大千，等. 基于生态系统服务价值的区域生态补偿——以山东省为例[J]. 生态学报，2010，30（23）：6646-6653.

74 蔡邦成，陆根法，宋莉娟，等. 生态建设补偿的定量标准——以南水北调东线水源地保护区一期生态建设工程为例[J]. 生态学报，2008，28（5）：2413-2416.

75 杜群. 生态保护及其利益补偿的法理判断——基于生态系统服务价值的法理解析[J]. 法学，2006，（10）：68-75.

76 辛琨，肖笃宁. 盘锦地区湿地生态系统服务功能价值估算[J]. 生态学报，2002，22（8）：1345-1349.

77 胡仪元. 生态补偿标准研究综述[J]. 陕西理工大学学报（社会科学版），2019（5）：25-30.

2.2.1.5 生态足迹

生态足迹是非常有价值的概念。生态足迹被定义为“在某一技术、管理水平条件下，某一区域持续生产并供给人们所消费的各种资源，提供人们所享受的各类服务，以及消纳排放的各类废弃物所需的各种土地和水体面积的总量”[78]。可见，生态足迹是指现有生活水平下人类占用的能够持续提供资源或分解废物、具有生物生产力的地域空间，它可以清晰分析不同区域之间消费的生态赤字/盈余[79-80]。综合运用生态系统服务和生态足迹的理论和方法，可以较好地解决宏观尺度的生态补偿的量化问题。但生态足迹理论本身的假设太多，在运用这一方法时如何进一步改进，使理论更加符合实际，是今后研究探索的重点。

2.2.2 生态补偿标准方法论

从环境经济学角度来看，如何内化生态建设行为的正外部性是建立生态建设补偿机制的核心问题[81]。欧盟广泛采用机会成本法，即根据各种生态建设导致的收益损失来确定补偿标准，然后再根据不同地区的环境条件等因素制定出有差别的区域补偿标准[32]，国外的生态补偿研究侧重于对补偿意愿和补偿时空配置进行研究。如 Bienabe 和 Hearne[82]对哥斯达黎加的居民和国外游客进行了意愿调查和选择实验分析，并建立了多项式逻辑斯谛回归模型，结果表明：人们都愿意增加环境所提供的服务产生的费用标准，但对自然保护的支付意愿程度远大于对景观美感的；国外游客对交通工具生态影响的补偿更倾向于自愿式补偿。Johst[83]则建立了生态经济模型程序，以实现详细设计分物种、分功能的生态补偿预算的时空安排，并为补偿政策实施提供了定量支持。

2.2.2.1 支付意愿法

支付意愿法，又称条件价值法，是直接调查消费者，对消费者的支付意愿进行了解，或者了解他们对产品或服务的数量选择愿望来评价生态系统服务功能的价值。前人研究

---

78 Malllis W，William R. Our ecological footprint：reducing human impact on th earth[M]. New Society Publishers，Gabriola Island，BC，1996：30-100.

79 陈源泉，高旺盛. 基于生态经济学理论与方法的生态补偿量化研究[J]. 系统工程理论与实践，2007，4（4）：165-170.

80 杨开忠，杨咏，陈洁. 生态足迹分析理论与方法[J]. 地球科学进展，2000，15（6）：630-636.

81 韩东娥. 建设补偿标准的理论分析与实践思考[J]. 南林学院学报，2008，28（4）：122-128.

82 Bienabe E，Hearne R R. Public preferences for biodiversity conservation and sceni cbeauty with in a framework of environmental services payments[J]. Forest Policy and Economics，2006，9（4）：335-348.

83 Johst K，Drechsler M，Watzold F. An ecological economic modeling procedure to design compensation payments for the efficient spatio-temporal allocation of species protection measures[J]. Ecological Economics，2002，41（1）：37-49.

表明[84-88]，按照“经济人”的假设，消费者通常会选择较低的一个标准来支付补偿，也就是说，他会花最少的钱来得到最多的服务。因此，支付意愿值就作为流域生态补偿的下限来参考。

2.2.2.2　机会成本法

机会成本法是指因做出某一决策而放弃另一决策所丧失的利益[77,89-91]。常用来衡量决策的后果资源是有限的，并且有多种用途，当选择了一种方案就意味着丧失使用其他方案的机会，也就丧失了获得相应效益的机会，将放弃的其他方案中的最大经济效益称为该资源选择方案的机会成本。

2.2.2.3　费用支出法

费用支出法的基本思路是以人们对某种环境服务的实际支出费用来表示该服务的经济价值，它反映了人们对享受该种环境服务的支付意愿（WTP）。前人研究表明[81,92-94]，费用支出法的优点是简单易行，也容易被人接受，但是在实际应用中也存在以下缺陷：首先，它没有反映支付者的消费者剩余，因而不能真实反映环境服务的价值。其次，对于那些现在消费者少的地点的游憩价值，费用支出法也不能反映其真实价值。由于许多费用并不是为享受而支出，因此，消费者所支付费用中哪部分可算作游憩价值一直存在争议。

2.2.2.4　影子工程法

影子工程法是恢复费用法或变量成本法的一种特殊形式。恢复费用法的基本思想是通过恢复受损环境到原有状态所需费用来衡量原环境价值，其暗含的前提是这种恢复对人类来说是必需的，恢复成本也就体现了原来的环境对人类所具有的经济价值。

---

84 张冰，申韩丽，王朋薇，等. 长白山自然保护区旅游生态补偿支付意愿分析[J]. 林业资源管理，2013，(1)：68-75.

85 徐大伟，刘春燕，常亮，等. 流域生态补偿意愿的 WTP 与 WTA 差异性研究：基于辽河中游地区居民的 CVM 调查[J]. 自然资源学报，2013，28（3）：402-409.

86 李超显. 湘江流域生态补偿的支付意愿价值评估——基于长沙的 CVM 问卷调查与实证分析[J]. 湖南行政学院学报，2011（3）：54-57.

87 彭晓春，刘强，周丽旋，等. 基于利益相关方意愿调查的东江流域生态补偿机制探讨[J]. 生态环境学报，2010，19（7）：1605-1310.

88 徐大伟，刘民权，李亚伟. 黄河流域生态系统服务的条件价值评估研究——基于下游地区郑州段的 WTP 测算[J]. 经济科学，2007，(6)：77-89.

89 代明，刘燕妮，陈罗俊. 基于主体功能区划和机会成本的生态补偿标准分析[J]. 自然资源学报，2013，28（8）：1310-1317.

90 张兴国，张婕，杨柳娜. 流域生态补偿标准中机会成本核算研究[J]. 北方经贸，2011，(10)：58-59.

91 江中文. 南水北调中线工程汉江流域水源保护区生态补偿标准与机制研究[D]. 西安：西安建筑科技大学，2008.

92 罗志红，朱清. 完善我国生态补偿机制的财税政策研究[J]. 税务与经济，2009，15（6）：96-100.

93 韩秋影，黄小平，施平，等. 广西合浦海草床生态系统服务功能价值评估[J]. 海洋通报，2007，26（3）：33-38.

94 毛锋，曾香. 生态补偿的机理与准则[J]. 生态学报，2006，26（11）：3841-3846.

研究表明[82,95-96]，影子工程法的使用有一个前提，那就是所恢复的状态和影子工程所提供的服务与原有的环境服务功能是有完全替代性的，但实际上，这种假设并不总是对的，因此在使用这一方法时要注意影子工程对原环境服务的替代性。

2.2.2.5 影子价格法

人们用市场价格来表达商品的经济价值，但生态系统给人类提供的产品或服务属于“公共商品”，并没有市场交易和市场价格。经济学家利用替代市场技术，先寻找“公共商品”的替代市场，再用市场上与其相同的产品价格来估算该“公共商品”的价值。学者把这种相同产品的价格称为“公共商品”的“影子价格”。

2.2.2.6 生态系统服务价值法

生态系统服务一般是指自然生态系统及其物种所提供的能够满足和维持人类生存需要的条件和过程[97]。生态补偿一般理解为通过对损害（或保护）自然资源的生态价值进行收费（或补偿），调动生态环境保护的积极性[98,99]，达到保护生态环境的目的。生态系统服务价值法经常被用于区域、流域生态补偿额度或标准的研究。王飞等研究了黄土高原地区土地利用变化对生态系统服务价值的影响，并据此确定其生态补偿标准[100]。潘竟虎综合考核区域生态系统服务价值与经济发展状况，研究了甘肃省内不同区域的生态补偿迫切度和补偿额度[101]。周晨等在评估水源区生态系统服务价值及其动态变化的基础上，确立了南水北调中线工程水源区生态补偿的上限标准和分摊机制[102]。何军等利用修正后的生态服务价值核算方法核算广州市生态服务价值并界定了生态补偿的主客体及其生态补偿优先状况[103]。

95 吴涤宇，陈晓龙. 我国水电开发生态补偿机制研究[J]. 东北水利水电，2007，25（5）：60-63.

96 徐琳瑜，杨志峰，帅磊，等. 基于生态服务功能价值的水库工程生态补偿研究[J]. 中国人口·资源与环境，2006，16（4）：125-128.

97 Daily G. What are ecosystem services？[A]. Daily G. Nature’s services：societal dependence on natural ecosystems [C]. Washington，DC：Island Press，1997.

98 洪尚群，马王京，郭慧光. 生态补偿制度的探索[J]. 环境科学与技术，2001，（5）：40-43.

99 庄国泰，等. 生态环境补偿费的理论与实践[A]. 国家环境保护局自然保护司编. 中国生态环境补偿费的理论与实践[C]. 北京：中国环境科学出版社，1995：88-98.

100 王飞，高建恩，邵辉，等. 基于GIS的黄土高原生态系统服务价值对土地利用变化的响应及生态补偿[J]. 中国水土保持科学，2013，11（1）：25-31.

101 潘竟虎. 甘肃省区域生态补偿标准测度[J]. 生态学杂志，，2014，33（12）：3286-3294.

102 周晨，丁晓辉，李国平，等. 南水北调中线工程水源区生态补偿标准研究——以生态系统服务价值为视角[J]. 资源科学，2015，37（4）：792-804.

103 何军，马娅，张昌顺，等. 基于生态服务价值的广州市生态补偿研究[J]. 生态经济（中文版），2017，33（12）：184-188.

2.2.3　海岸带生态补偿标准研究方法应用

2.2.3.1　基于生态系统服务价值法的福田红树林自然保护区生态补偿标准研究

陈艳霞[104]以深圳福田红树林自然保护区为研究对象，通过计算和修正自然保护区生态系统服务价值量，并结合社区居民的意愿调查，制订了自然保护区生态补偿的标准。该研究按效益评价将红树林湿地的经济价值分为直接使用价值、间接使用价值和非使用价值。各种价值的评估方法选取及计算结果如表 2-1 所示。

表 2-1　福田红树林自然保护区生态系统服务价值评估方法及结果

价值类型	生态系统服务价值	评估方法	价值量/（万元/a）
直接使用价值	物质生产价值	市场价值法	310.0
	旅游休闲价值	旅游费用法	滨海公园不收门票，不考虑
间接使用价值	干扰调节价值	影子工程法	799.7
	气体调节价值	碳税法	266.0
	净化水体价值	模糊数学法	16 000.0
	栖息地价值	生态价值法	40 000.0
	文化科研价值	旅行费用法	313.8
非使用价值	存在价值	支付意愿法	价值量评估困难，不进行定量评估
	遗产价值	支付意愿法	
合计			57 689.5

由于栖息地价值无法直接转化成货币，因此生态系统服务价值取 17 689.5 万元/a。福田保护区总面积 367.6 hm^2，单位面积生态系统服务价值为 32 097.4 元/（亩·a），根据社会经济发展水平和人民生活水平等，采用中国基尼系数 0.415，修正后福田保护区的生态系统服务价值量取 13 000 元/（亩·a），作为福田保护区生态补偿标准的上限。

在专家咨询的基础上进行问卷调查，42.4%的被调查者认为每年每亩补偿应在 9 001 元以上，36.0%的被调查者认为每年每亩补偿应为 7 001～9 000 元。取 9 000 元/（亩·a）作为福田保护区生态补偿标准的下限。综合生态系统服务价值和社区居民的意愿，福田保护区生态补偿标准定为 9 000～13 000 元/（亩·a）较为合理，可在此范围内根据补偿主客体不同协商确定。

104 陈艳霞. 深圳福田红树林自然保护区生态系统服务功能价值评估及其生态补偿机制研究[D]. 福州：福建师范大学，2012.

2.2.3.2 基于条件价值法的胶州湾滨海湿地生态补偿标准研究

商慧敏[105]以胶州湾滨海湿地为研究对象，采用生态系统服务价值法确定生态补偿上限，以条件价值法的调查结果作为生态补偿下限，以下主要介绍条件价值法在该研究中的应用。

该研究问卷调查分为两个阶段：预调查和问卷的补充完善。先以访谈的形式在研究区周边随机采访 50 位市民，根据调查结果补充和完善问卷，提高问卷的针对性及可读性。调查问卷首先对湿地及生态补偿做了简介，内容主要分为两大部分，包括问卷调查者的基本信息和关于湿地补偿的一些问题，考虑到知识储备及生活经验，问卷只针对 18 岁及以上人群进行调查，主要选取在青岛生活的人群以及部分在湿地方面有研究的专家学者，问卷调查主要采用现场发放及网络填写方式。该调查问卷内容具体分为四个部分：① 被调查者的基本情况，包括个人月收入、性别、受教育程度、年龄范围、职业；② 被调查者对研究区情况的了解程度及支付意愿；③ 生态补偿的主客体及补偿方式；④ 生态补偿意愿。

根据文献，平均受偿意愿 E（WTA）可以通过离散变量 WTA（受偿意愿）的数学期望公式计算，因采用条件价值法得到的结果偏低，为了减小差值，该研究采用调查数值上限与受访概率相乘，得到受偿意愿，计算得出胶州湾滨海湿地生态补偿意愿为 2 513 元/（亩·a）。调查显示，99.6%的受访者认为应该保护湿地，其中 74.7%的受访者愿意出资至少 10 元/月，但也有部分受访者（25.3%）不愿意出资或出资较少。通过调查发现，绝大多数居民认识到湿地对人类生存与发展有重要作用，认为湿地环境应该被保护，对湿地环境的改善持有积极的支持态度，也愿意在不影响自身生活水平的情况下为保护湿地生态做出一定补偿。但也有部分调查者拒绝支付，主要原因有家庭收入过低、认为保护湿地生态环境是政府的责任和因居住地离研究区较远认为未享受湿地的福利。

2.2.3.3 基于成本评估法的海洋保护区生态补偿标准研究

陈克亮等[106]提出已建海洋保护区生态补偿金应包括海洋保护区建设与保护成本以及区域发展机会成本。该研究以某国家级珊瑚礁自然保护区为案例，验证分析了成本评估法在海洋保护区生态补偿标准研究中的应用。

（1）海洋保护区的建设和保护成本计算

建设与保护成本包括海洋保护区建设成本和海洋保护区管理与保护成本，计算公式如下：

---

105 商慧敏. 胶州湾滨海湿地生态价值及生态补偿标准研究[D]. 青岛：青岛大学，2018.

106 陈克亮，黄海萍，张继伟，等. 海洋保护区生态补偿标准评估技术与示范[M]. 北京，海洋出版社，2018.

$$C_2 = C_J + C_G \qquad (2\text{-}1)$$

式中，C_2——建设与保护成本；

C_J——海洋保护区的建设成本，指保护区基础设施、管护设施、科研和监测设备等建设项目的费用；

C_G——海洋保护区的维持与运营成本，指保护区管理机构在行政管理活动中所支付的费用总和。

海洋保护区的建设成本包括办公场所及附属设施费用 876 万元、管护设施建设费用 237 万元、通信及网络设施费用 18.6 万元、设备购置费用 89.6 万元，总计建设成本约 1 221.2 万元。海洋保护区的维持与运营成本包括工资费用 185 万元/a、生态修复费用 167 万元/a、科研监测费用 378 万元/a、宣传教育费用 87.8 万元/a、维护费用 170 万元/a、野生动植物救治费用 40 万元/a、办公/会议费 22 万元/a 等，总计约 1 049.8 万元/a。综上，该珊瑚礁保护区建设成本约 1 221.2 万元，维持与运营成本约 1 049.8 万元/a。

（2）区域发展机会成本计算

海洋保护区给当地造成的机会成本包括企业机会成本、个人机会成本和政府机会成本。其中：

1）企业机会成本核算

企业机会成本主要包括三个方面：企业因关闭、停办所产生的损失，企业因合并、转产带来的利润损失和企业因搬迁发生的迁移损失。该珊瑚礁保护区周边几乎没有工业，以渔业、农业为主，因此不存在企业机会成本。

2）个人机会成本核算

海洋保护区保护措施对海洋的使用进行了限制，个人机会成本主要包括渔民的捕捞和养殖区域或者方式受限制而造成捕捞和养殖产量的下降和渔民到更远的区域捕捞、养殖而造成的生产投入增加。计算公式如下：

$$F = \begin{cases} P = F_{前} - F_{后} & (F_{前} > F_{后}) \\ P = S & (F_{前} \leqslant F_{后}) \end{cases} \qquad (2\text{-}2)$$

式中，P——海洋保护区居民的渔业收入损失，万元/a；

$F_{前}$——建立海洋保护区前当地居民的渔业平均收入，万元/a；

$F_{后}$——建立海洋保护区后当地居民的渔业平均收入，万元/a；

S——增加的生产投入，万元/a。

经计算，得出 2007 年该珊瑚礁保护区的渔民个人机会成本为 5 718 万元/a。

3）政府机会成本核算

政府机会成本主要包括企业（现存企业、潜在企业与迁移企业等）的税收损失。

该县政府的机会成本，通过类比 C 市的企业税收进行计算。该县与 C 市同为某省南部的沿海县，沿海居民以养殖与捕捞为生，财政收入增速相差不大。2007 年该珊瑚礁自然保护区升级为省级自然保护区，执行更为严格的环境标准，对工业企业的进驻执行更高的环保要求限制，该县财政收入的增长速度开始减缓。以 2007 年为参照年，以 C 市的财政收入年增长率为参照，计算 2014 年该县的企业收入额，以其与该县 2014 年实际财政收入额的差值作为 2014 年该县政府的机会成本，计算结果为 4 720 万元/a。

（3）海洋保护区生态补偿金计算

该珊瑚礁自然保护区生态补偿金包括海洋保护区建设成本约 1 221.2 万元，维持与运营成本约 1 049.8 万元/a，发展机会成本约 10 438 万元/a。

2.2.3.4 基于机会成本法的海洋保护区生态补偿标准研究

赖敏和陈凤桂[107]以土地、海域为载体，从机会成本补偿的角度出发，分别设置了机会成本补偿基数、区域调整系数、分区补偿系数和开发限度补偿系数，构建了海洋保护区生态保护补偿标准测算方法，并选取全国 8 个省（市）14 个国家级海洋自然保护区开展了实证分析。

主要研究步骤如下：① 明确机会成本的载体。从海洋保护区拥有的资源基本类型及利用状况出发，分别以土地、海域为载体来定量海洋保护区建设的机会成本。② 设置机会成本补偿基数。以 1 年为补偿时段，采用全国沿海市县的平均 GDP 与收益系数（即财政收入与 GDP 的比值）的乘积作为土地占用情况下的机会成本补偿基数，采用全国沿海市县的海均 GOP（即海洋生产总值）与收益系数的乘积作为海域占用情况下的机会成本补偿基数。③ 确定区域调整系数。参照财政部、原国土资源部制定的《用于农业土地开发的土地出让金收入管理办法》中的土地等别划分和土地出让平均纯收益标准来确定土地占用情况下的区域调整系数，参照财政部、国家海洋局制定的《海域使用金征收标准》中的海域等别划分和海域使用金征收标准来确定海域占用情况下的区域调整系数。④ 确定补偿系数。针对海洋保护区的不同分区类型设置了分区补偿系数，并设置开发限度补偿系数对海洋保护区资源占用的程度进行表征。

该研究提出的测算方法为海洋保护区建设的机会成本补偿金额等于因海洋保护区建设占用土地、海域而导致区域经济发展的损失，计算公式如下：

$$C=\sum_{j}\sum_{i}(G_j\times S_{ij}\times\lambda_j\times\gamma_{ij}\times\theta_j) \tag{2-3}$$

式中，C——海洋保护区建设的机会成本补偿金额；

107 赖敏，陈凤桂. 基于机会成本法的海洋保护区生态保护补偿标准[J]. 生态学报，2020，40（6）：1-9.

i——海洋保护区的分区类型（海洋自然保护区包括核心区、缓冲区和实验区，海洋特别保护区包括重点保护区、适度利用区、生态与资源恢复区和预留区）；

j——资源占用情况（分为土地占用情况和海域占用情况）；

G_j——机会成本补偿基数，土地占用情况下的机会成本补偿基数等于全国沿海市县的平均 GDP 与收益系数的乘积，海域占用情况下的机会成本补偿基数等于全国沿海市县的海均 GOP 与收益系数的乘积，由于全国沿海市县缺乏 GOP 统计数据，这里采用全国沿海省份的海均 GOP 代替；

S_{ij}——海洋保护区第 i 个分区类型的土地面积或海域面积；

λ_j——区域调整系数；

γ_{ij}——分区补偿系数；

θ_j——开发限度补偿系数，各地建设用地或确权海域面积占比、年平均增速以及国家级保护区成立时间等实际情况差别很大，导致案例区开发限度补偿系数的测算结果差距明显。

该研究计算出 2015 年全国沿海市县的平均 GDP 为 0.5×10^8 元/km^2，全国沿海省份的海均 GOP 为 0.2×10^8 元/km^2，当年收益系数为 0.11，由此计算得到，2015 年土地占用情况下的机会成本补偿基数为 569.67×10^4 元/km^2，海域占用情况下的机会成本补偿基数为 226.85×10^4 元/km^2，得出 2015 年案例区的机会成本补偿金额测算结果。

第3章

国内外海岸带生态补偿经验与方法

3.1 国外研究与实践进展

3.1.1 研究进展

国际上对于海洋生态补偿的研究较少，现有海洋生态补偿研究主要集中在海洋生态补偿管理和海洋生态补偿机制上，另外，海洋生态补偿国际治理、量化海洋资源代际补偿、改善生态补偿模型的适用性也是现阶段海洋生态补偿的重点研究方向[108]。

Elliott 等[109]提出海洋生态补偿可以分为三种：经济补偿、资源补偿和生境补偿，为海洋生态补偿理论的发展奠定了基础。国际上比较通用的经济补偿主要通过政府补贴、财政援助、开征生态税和借助国内外基金等方式进行[110]。Charlène Kermagoret 等[111]使用选择性实验方法调查了圣布里厄湾当地社区对于与海上风电场项目有关的各种补偿措施的偏好，研究结果表明，货币补偿通常因产生“贿赂效应”而效率低下，开发商对当地居民的福祉进行投资对于增加积极影响并因此增加整个社会的利益至关重要。资源补偿方面，一些发达国家如美国、日本的技术已十分成熟。美国放流鱼类历史已有 100 多年，还开展“巨藻场改进计划”以恢复和发展原有藻场。日本早在 1962 年便设立了以国家为主体的栽培中心，并建设了专门的增殖机构，几十年的发展使得增殖渔业在日本已发展为一种产业[110]。在欧洲，湿地生境补偿已纳入欧盟野鸟保护指令，提供生境补偿，即创造新的栖息地以替代因开发而丧失的栖息地，已被视为管理滨海湿地及保护动植物的

---

108 许瑞恒，姜旭朝. 国外海洋生态补偿研究进展（1960—2018）[J]. 中国海洋大学学报，2020，1：84-93.

109 Elliott M，Gutts N D. Marine habitats：Loss and gain，mitigation and compensation[J]. Marine Pollution Bulletin，2004（49）：671-674.

110 苏源，刘花台. 海洋生态补偿方法以及国内外研究进展[J]. 绿色科技，2015，12：24-27.

111 Kermagoret C，Levrel H，Carlier A，et al. Individual preferences regarding environmental offset and welfare compensation：A choice experiment application to an offshore wind farm project[J]. Ecological Economics，2016，129：230-240.

一种重要方式，但 Brady 等[112]研究表明，英国的一些湿地生境补偿项目并未能创造合适的替代栖息地，反而可能加剧新栖息地生物多样性的丧失，主要原因是缺乏对生境补偿的明确定义，也没有确定补偿成功的时间表，该研究建议决策者严格按生境补偿的要求执行，设定时间表并定期开展监测和公开补偿效果。Geenier 等[113]提出包括经济、法律、认知、参与等方面的刺激海洋资源持续利用的手段，其中也分析了生态修复补偿的手段。Melissa Bos 等[114]研究了大堡礁世界遗产区在海洋生物多样性和生态系统服务方面所需的补偿，提出提高海洋补偿效力的建议，包括：① 第三方专业机构设计和实施海洋补偿方案；② 海洋开发者支付补偿方案实施、监督和评估的全部成本，并在开发获得批准前就成本达成一致意见；③ 实施并公开补偿有效性监测数据；④ 保护区生态受损后应该在最短的时间内得到修复。Jean Yves Weigel 等[115]通过反事实方法对海洋和海岸保护区对捕鱼家庭的影响进行了评估，认为对保护区附近主要渔场的渔户收入和远离保护区的主要渔场的渔户收入进行比较，有助于更好地针对非受益家庭实施补偿措施。

美国等发达国家对溢油事故的索赔已有法律支持，同时也建立了溢油损害赔偿机制，例如美国利用“自然资源损害评估方法”进行生态环境资源损害赔偿金额核算。其中，等效分析方法，尤其是栖息地等效性分析（HEA）和资源等效性分析（REA）在确定海洋生态损害补偿理论标准时最为常用。Tae-Goun Kim 等[116]使用 HEA 评估了韩国 2007 年发生的“河北精神号”石油泄漏（HSOS）事故造成的环境损害，结果发现采用 HEA 得到的最高环境损害估计值（2.717 亿美元）分别为条件价值法研究的下限（3.629 亿美元）和上限（12.67 亿美元）估计值的 75%和 21%，更容易被法院接受。

Cowell[117]在研究威尔士的加的夫海港资源替代性问题时，对海洋生态补偿进行了探

112 Brady A F，Boda C S. How do we know if managed realignment for coastal habitat compensation is successful? Insights from the implementation of the EU Birds and Habitats Directive in England[J]. Ocean & Coastal Management，2017，143：164-174.

113 Geenier R，Young M D，Mcdonald A D，et al.Incentive instruments foe the sustainable use of marine resources[J]. Ocean & Coastal Management，2000，43（11）：29-50.

114 Melissa B，Robert L P，Natalie S. Effective marine offsets for the Great Barrier Reef World Heritage Area[J]. Environmental Science & Policy，2014，42：1-15.

115 Jean Y W，Piĕrre M，Agnès C，et al. Impact assessment of a marine and coastal protected area on fishing households through a counterfactual approach.A Senegalese case study（West Africa）[J]. Ocean & Coastal Management，2018，155：113-125.

116 Tae G K ，James O，Daniel S H M，et al. Natural resource damage assessment for the Hebei Spirit oil spill：An application of habitat equivalency analysis[J]. Marine Pollution Bulletin，2017，121（1-2）：183-191.

117 Cowell R. Substitution and scalar politics：Negotiating environmental compensation in Cardiff Bay[J]. Geoforum，2003，34（3）：343-358.

讨。Nunes 等[118]调查了意大利威尼斯渔民改变现有作业方式接受补偿的意愿，调查发现：渔业公司的渔民接受补偿的意愿高于个体渔民。Barr 和 Mourato[119]以墨西哥圣埃斯皮瑞图海洋公园为例，研究了渔民放弃捕鱼接受补偿的意愿及游客的支付意愿，结果表明，渔民接受补偿的意愿高于游客的支付意愿，原因可能是当地的渔业资源丰富，没有出现整体衰退趋势，渔民转产的机会成本较高。George Halkos 等[120]研究表明许多受访者愿意为改善沿海地区的环境质量付出代价。个人特征对于解释受访者对沿海地区经济价值评估的行为具有明显不同的影响，例如，收入对支付意愿有正面影响，年龄对支付意愿有负面影响，受过良好教育的人比没有受过良好教育的人能更好地了解管理环境资源的需求，此外，支付意愿主要受个人对沿海地区未来旅游业发展的期望、沿海环境管理和沿海地区保护等因素影响。Albert 等[121]研究了尼日利亚石油和天然气行业与泄漏造成的环境损害赔偿相关的一些指导性环境政策，认为这些政策在实践应用中还存在一些不足，例如政策缺乏一致性、各部门责任不明确、程序不透明、补偿标准不明确，该研究建议制定专门的法律，明确政府、石油和天然气公司各方责任，并以合作方式补偿因泄漏造成的损害。

国外对沿海和海洋生态系统服务价值评估，及其在沿海政策决策中的应用进行了较多的研究，为开展海岸带生态补偿研究提供了基础和借鉴。Ruckelshaus 等[122]开展了 20 项应用生态系统服务方法指导实际公共决策的试点研究，认为将生态系统服务方法广泛纳入各种决策中，如空间规划、环境影响评估和生态系统服务支付方面具有巨大潜力。Binet 等[123]研究了海洋生态系统服务的首笔国际支付——毛里塔尼亚国家公园的案例，该案例为将生态系统服务计划的付款更详细地应用到其他生态系统环境中打开了大门，并且可以为海洋生物多样性保护提供有用的替代资金来源。Failler 等[124]研究提出海洋和沿海生态系统服务价值评估是一个保护海洋的工具，并计算了马提尼克岛的珊瑚礁和相关

---

118 Nunes P A，Rossetto L，Blaeij A D. Measuring the economic value of alternative clam fishing management practices in the Venice Lagoon：Results from a conjoint valuation application[J]. Journal of Marine Systems，2004，51：309-320.

119 Barr R F，Mourato S. Investigating the potential for marine resource protection through environmental service markets：An exploratory study from La Paz Mexico[J]. Ocean $ Coastal Mangement，2009，52（11）：568-577.

120 George H，Steriani M. Determinants of willingness to pay for coastal zone quality improvement[J]. The Journal of Socio-Economics，2012，41（4）：391-399.

121 Oshienemen N A，Dilanthi A，et al. Environmental policies within the context of compensation for oil spill disaster impacts：A literature synthesis[J]. Procedia Engineering，2018，212：1179-1186.

122 Mary R，et al. Notes from the field：lessons learned from using ecosystem service approaches to inform real-world decisions[J]. Ecological Economics，2015，115：11-21.

123 Thomas B，Pierre F，Pablo N，et al. First international payment for marine ecosystem services：The case of the Banc d'Arguin National Park，Mauritania[J]. Global Environmental Change，2013，23（6）：1434-1443.

124 Pierre F，Élise P，Thomas B，et al. Valuation of marine and coastal ecosystem services as a tool for conservation：The case of Martinique in the Caribbean[J]. Ecosystem Services，2015，11：67-75.

生态系统的经济和社会价值。Cornell 等[125]提出，近年来对估价方法的改进一直在提高沿海蓝色森林生态系统服务价值的准确性，评估文献的改进对于制定适当的生态系统服务付费（PES）计划，以及将蓝色森林生态系统的价值传达给国家和国际政策制定者尤为重要。在澳大利亚，尤其是在商业渔业和旅游部门，对经济评估的接受程度很高，Sangha 等[126]计算估计海洋和沿海生态服务对澳大利亚北领地经济的贡献为 5%～6%，这些服务对于支持和增进土著和当地社区的生计和福祉至关重要。

3.1.2　实践探索

3.1.2.1　韩国的滩涂围垦补偿制度

在韩国，为了满足农业、工业和其他用途对土地的需求，牺牲了沿海湿地。自 20 世纪 90 年代以来发生的一系列环境灾难使社会的价值观念从支持湿地发展转向保护湿地。1999 年，着眼于可持续利用沿海资源，韩国政府颁布了一系列立法，湿地保护法、沿海管理法、公共水域填海法、海洋污染法以及对公共水域管理法的修正案均于此时获得通过[127]。韩国滩涂补偿分为公有水面填埋补偿和当地渔业自治团体补偿，因公共利益、地方自治团体的需要而被限制、取消或者停止渔业权的主体可以分别向国家、地方自治团体申请补偿，征收滩涂的特别受益者、国家及地方自治团体可以让其在所获利益的限度内全部或者部分承担补偿费用。补偿标准方面，由总统令规定补偿标准、支付方式等，按渔业年收入的 8 倍进行补偿[128]。但是，部分韩国渔民仍对现行补偿标准不甚满意。以釜山为例，渔民以补偿金为资本自谋其他职业，但现实中大部分渔民对补偿金额存在不满。

3.1.2.2　日本的海洋与滩涂围垦补偿制度

日本颁布了一系列海洋资源开发与环境保护法律，使政策补偿在海洋生态补偿方式中的作用和类型进一步完善。2007 年 4 月通过《推进新的海洋立国决议》，“海洋立国”被确定为日本国策；2007 年 7 月 20 日，《海洋基本法》被实施，在法律体系建构层面宣示日本“从岛国走向海洋国家”。政策补偿主要是各级政府通过制定相关的政策措施在宏

---

125 Amber H C，Linwood P，Perla A. Valuing ecosystem services from blue forests：A systematic review of the valuation of salt marshes， sea grass beds and mangrove forests[J]. Ecosystem Services，2018，30：36-48.

126 Kamaljit K S，Natalie S，Neville C，et.al. A state-wide economic assessment of coastal and marine ecosystem services to inform sustainable development policies in the Northern Territory，Australia[J]. Marine Policy，2019，107：1-10.

127 Jungho N，Jongseong R，David F，et al. Designation processes for marine protected areas in the coastal wetlands of South Korea[J]. Ocean & Coastal Management，2010，53（11）：703-710.

128 王梅婷. 国内外滩涂湿地围垦补偿制度研究[J]. 中国渔业经济，2017，2（35）：38-42.

观上进行引导，提倡科学合理地开发利用海洋环境，减少对海洋环境的破坏。例如：① 加强有关部门立法指引，完善政策补偿，加强生态治理和恢复；② 通过政策引导，政府、企业、社会、公民共同合作、齐心治理；③ 通过行政手段制定有利于海洋生态保护的财政补偿政策，为海洋和海岸带生态保护提供资金上的补偿或相应的措施优待，如调整产业结构、引入劳动密集型与高新技术企业，同时将对海洋生态环境造成严重破坏的污染性企业迁出，为土地使用、企业搬迁等提供一定的税收优惠[129]。日本对因公共利益征占滩涂的项目进行了详细的规定，补偿金额由都道府县知事在听取海区渔业调整委员会的意见并得到主管大臣的认可后决定，渔业权主体对补偿不满可以在 90 日内以国家为被告提起诉讼[128]。

3.1.2.3 美国的滩涂围垦补偿制度

美国《沿岸湿地保护法》鼓励各州建立沿岸湿地管理计划，确保必须有强制执行的、保护性开发的标准，为此，联邦政府向州政府提供 80%的协调资金实施这些计划[128]。美国在滨海湿地管理过程中非常注重利益相关方之间的交流，会尽力满足不同利益相关方的诉求并制定出明确的管理目标，从湿地项目的规划实施到监测管理，都让利益相关方参与其中。多部门配合和综合协调管理，以找到管理部门以及利益相关方利益的平衡点，是美国滨海湿地保护工作取得成功的关键，也是美国滨海湿地治理的核心。

美国采取湿地补偿银行机制，1972 年颁布的《联邦水污染控制法》第 404 条规定，湿地开发被许可人需提供等价的替代湿地来补偿受损湿地，从而实现全国湿地功能和总量的平衡。陆军工程兵团联合美国国家环境保护局等在总结美国各地湿地补偿实践经验的基础上共同颁布了《水域资源损害补偿最终规则》，全面确立自行补偿、湿地替代费补偿和第三方补偿三种湿地补偿的主要方式。对上述三类湿地补偿市场化运作规定如下：① 自行补偿，是指具有开发行为的被许可人自行恢复受损湿地、新建湿地、强化现有湿地的某些功能或特别保存现有湿地；② 湿地替代费补偿，是指获得许可的湿地开发者有责任因其对湿地的损害行为向政府有关部门、第三方机构或非营利自然资源管理机构交付一笔湿地补偿费用，由其替代被许可人实施补偿湿地的法律责任；③ 第三方补偿，即湿地补偿银行补偿，是指专业进行湿地修复的实体通过在一定地域上修复受损湿地、新建湿地、强化现有湿地的特殊功能或者特别保存某些湿地建立湿地补偿银行，而有湿地补偿责任的湿地开发被许可人通过向其购买“湿地信用”，从而将补偿责任转移给湿地补偿银行建设者[130]。

---

129 李荣光. 域外海洋生态补偿法律制度对我国的启示[J]. 荆楚学刊，2018，19（4）：48-55.
130 李京梅，王腾林. 美国湿地补偿银行制度研究综述[J]. 海洋开发与管理，2017，9：3-10.

3.1.2.4 加拿大的滩涂围垦补偿制度

加拿大湿地分布广阔，且重视滩涂生态保护和补偿。加拿大政府在1971年根据其《航海法》建立了海上油污赔偿基金，这是世界上最早通过立法建立的海洋生态赔偿机制。1991年，加拿大颁布了《联邦湿地保护政策》，规定实现所有联邦土地与水体中湿地的“零净损”，恢复已退化的湿地，保护具有重大意义的湿地。根据“零净损”要求，加拿大政府设计了“避免—最小化—补偿”的保育目标，即“避免湿地功能损失”；“不可避免的损失必须最小化”；“任何剩余的损失必须通过补偿抵消，以维持湿地生态功能的基线”。加拿大湿地生态补偿有两种类型：①“生态系统服务付费”，即通过向特定主体付费的方式有偿使用其土地提供的生态服务；②“生态损失补偿”，即通过释缓银行或“替代费”对占用湿地进行补偿[131]。1998年，加拿大出台了《湿地恢复与补偿法》，以渔业生产能力无损失为目标，减轻项目对渔业栖息地潜在生产能力的不利影响，如不能避免，要通过创建新的栖息地、提高现有渔业栖息地的生产能力、增加人工养殖来进行湿地补偿，禁止对渔业栖息地进行有害的改建、破坏和毁灭，划分优先保护等级，并将其纳入填海项目的评估和审批决策体系中。相比之下，加拿大的补偿概念与我国的滩涂补偿有所差别，但其推行零湿地损失原则、围垦多少修复多少、保障滩涂资源数量和质量的平衡等补偿理念和做法值得我国借鉴与学习[128]。

3.2 国内研究与实践进展

3.2.1 研究进展

3.2.1.1 海洋和海岸带生态补偿内涵

杨蕾等[132]提出海洋行政规划下的生态补偿制度是实现海洋生态正义的制度载体。朱高儒等[133]认为“实行生态补偿与生态系统重建”是有序填海的重要保障措施。郑苗壮等[134]定义海洋生态损害的补偿是指经过批准的利用海洋的人类活动对海洋环境与生态系统造成了损害，损害的责任方对自然进行的补救或者补偿，可以货币补偿形式为主，通过行

131 黄超. 国外湿地生态补偿法律制度与实践研究[J]. 决策论坛——管理决策模式应用与分析学术研讨会，2016：125-128.

132 杨蕾，王寰，孙军平. 海洋行政规划视域下海洋生态补偿制度之构建——从概念分析到行动路径[J]. 中国海洋大学学报（社会科学版），2014，(2)：9-16.

133 朱高儒，徐学工. 关于有序填海的思路和方法[J]. 生态环境学报，2011，20（12）：1974-1980.

134 郑苗壮，刘岩，彭本荣，等. 海洋生态补偿的理论及内涵解析[J]. 生态环境学报，2012，21（11）：1911-1915.

政程序解决；海洋生态损害的赔偿是指未经批准的利用海洋的人类活动对海洋环境与生态系统造成了损害，损害的责任方对自然进行的补偿，以生态修复为主，一般通过司法途径解决。

王淼等[135]对海洋生态资源进行解析，提出海洋生态资源的价值包括现实使用价值、选择价值和存在价值三部分，海洋生态资源的价值是其正价值和负价值相互影响、相互作用的结果。并且定义海洋生态补偿为海洋使用人或受益人在合法利用海洋资源过程中，对海洋资源的所有权或者海洋生态环境保护付出代价者支付相应的费用，其目的是支持与鼓励保护海洋生态环境的行为，而不是一味地向海洋索取经济利益。李晓璇等[136]从广义层面定义海洋生态补偿，认为它是一种将保护或修复行为的外部经济性和破坏行为的外部不经济性内部化的机制，旨在保护或改善海洋生态。海洋生态补偿应包括以下几方面内容：一是对保护、修复或破坏海洋生态行为本身的成本进行补偿；二是对因保护、修复或破坏海洋生态行为产生或损失的经济效益、社会效益和生态效益进行补偿；三是对因保护、修复海洋生态行为而放弃发展机会的损失进行补偿。

3.2.1.2 海洋和海岸带生态补偿制度框架

部分研究者从海洋生态补偿的整体制度设计上进行了一些探索。王淼等[137]从海洋生态补偿原则、补偿对象、补偿方式和资金来源等方面初步探讨了海洋生态补偿机制。郑伟等[138]在梳理了海洋生态补偿的理论基础下，从生态补偿的原则、分类、标准和方式等方面初步探讨适合海洋自身特点的生态补偿技术体系。王金坑等[139]对海洋生态补偿机制的隶属、资金来源、补偿标准与现行海洋环境保护法律体系的衔接性以及海洋生态补偿机制的运行等关键问题进行了研究和探讨。李思佳[140]认为海洋生态补偿的开展应按照背景资料收集，海洋生态系统服务价值变化量评估，利益相关者界定，补偿标准确定和补偿实施、监测与评估 5 个步骤进行。米卿等[141]提出海洋生态补偿应主要针对陆源污染、海洋工程污染、湿地围困和围海造地以及海洋倾废四类行为收取。

在海岸带生态保护补偿制度研究方面，蔡燕如等[142]探讨了海湾海岸带主体功能区划

---

135 王淼，段志霞. 关于建立海洋生态补偿机制的探讨[J]. 中国渔业经济，2008，26（3）：12-15.

136 李晓璇，刘大海，刘芳明. 海洋生态补偿概念内涵研究与制度设计[J]. 海洋环境科学，2016，35（6）：948-953.

137 王淼，段志霞. 关于建立海洋生态补偿机制的探讨[J]. 海洋信息，2007（4）：7- 9.

138 郑伟，徐元，石洪华，等. 海洋生态补偿理论及技术体系初步构建[J]. 海洋环境科学，2011，6（30）：877-880.

139 王金坑，余兴光，陈克亮，等. 构建海洋生态补偿机制的关键问题探讨[J]. 海洋开发与管理，2011，11：55-58.

140 李思佳. 论海洋生态补偿机制及其实施[J]. 前沿，2014（363-364）：97-98.

141 米卿，虞丁力. 构建长三角海洋生态补偿法律机制探析[J]. 淮海工学院学报（人文社会科学版），2013，11（5）：22-26.

142 蔡燕如，陈伟琪，张珞平. 海湾海岸带主体功能区划的生态补偿探讨[J]. 生态经济，2013，1：399-403.

的生态补偿，基于市场价格法、成果参照法、替代市场法和专家评判法，构建了生态补偿额度的估算模型，并尝试应用于福建省罗源湾的案例研究中。王媛[143]对辽宁海岸带湿地生态补偿服务功能经济价值进行了核算，并进一步研究了辽宁海岸带湿地生态补偿原则、补偿主客体、补偿标准、补偿方式和途径等内容。张继伟等[144]将生态补偿概念引入海洋环境风险管理，研究了基于环境风险的海洋自然保护区生态补偿标准确定方法。

部分学者重点针对围填海等用海项目，设计海洋生态损害赔偿。李亚楠等[145]针对海洋工程的特点，重点研究了海洋工程生态补偿管理模式支撑技术，提出了制定海洋工程生态补偿行业规定、建立海洋工程生态补偿综合管理体制、建立海洋工程生态损害评估制度以及建立海洋工程生态补偿第三方监管和评估机制四项保障技术。刘霜等[146]重点探讨了填海造陆用海项目的海洋生态补偿模式。阮成宗等[147]在分析了2008年以来浙江省开始的海洋工程建设项目对海洋生物资源损害的补偿试点问题的基础上，提出了海洋功能区划引领，优化海洋生态资金使用；规范生态补偿标准，建立生态补偿长效机制；规范生态专项转移支付，建立纵横向交错的海洋生态补偿机制；多种海洋生态补偿方式并举，统筹生态效益与经济效益四项海洋生态补偿制度完善建议。连聘婷等[148]选择厦门大嶝海域的填海造地作为研究对象，以填海造地对海岸带生态系统服务的影响为主线对海洋生态补偿的利益相关方、补偿标准和补偿方式进行了探索研究。

3.2.1.3 海洋与海岸带生态补偿的主客体

王新力[149]认为海洋生态补偿的主体是指海洋生态资源的使用者或海洋生态保护的受益者。宫小伟[150]利用博弈论分析后，认为责任人对国家进行生态补偿是生态环境管理的最优选择。李京梅[151]在我国围海造地资源环境补偿研究中发现生态保护的受益者，他们通常居住在城市，生活较富裕，追求更好的环境质量，他们对海洋生态产品有较高的支付意愿。张珊珊等[152]利用利益相关者和公众意愿问卷调查，研究了南黄海辐射沙脊群开

143 王媛. 辽宁海岸带湿地生态补偿机制研究[D]. 辽宁：辽宁师范大学，2014.
144 张继伟，杨志峰，黄歆宇. 基于环境风险分析的海洋自然保护区生态补偿研究[J]. 生态经济，2009，(4)：177-181.
145 李亚楠，毕忠野，张奇韬，等. 海洋工程生态补偿管理模式支撑技术研究[J]. 2014（5）：12-16.
146 刘霜，张继民，刘娜娜，等. 填海造陆用海项目的海洋生态补偿模式初探[J]. 海洋开发与管理，2009，26（9）：27-29.
147 阮成宗，孔梅，廖静，等. 浙江省海洋生态补偿机制实践中的问题与对策建议[J]. 海洋开发与管理，2013（3）：89-91.
148 连聘婷，陈伟琪，闫中中. 厦门大嶝海域填海造地的海洋生态补偿研究[J]. 上海环境科学，2013，32（4）：153-159.
149 王新力. 论生态补偿法律关系[D]. 青岛：中国海洋大学，2010.
150 宫小伟. 海洋生态补偿理论与管理政策研究[D]. 青岛：中国海洋大学，2013.
151 李京梅. 我国围填海造地资源环境价值损失评估及补偿研究[D]. 青岛：中国海洋大学，2010.
152 张珊珊，顾云娟，张落成. 南黄海沙脊群空间开发的生态补偿利益相关者问卷调查[J]. 海洋经济，2013，3（6）：39-45.

发利用的利益相关者类型以及对海洋生态补偿的态度和认知。连聘婷等[153]以填海造地对海岸带生态系统各类服务的负面影响分析为主线，探讨了利益受损群体即补偿对象的确定。龚虹波等[154]在综合研究学者观点后提出，在海洋生态损害事件中，国家、海洋生态资源使用方、海洋项目的建设者以及直接造成生态破坏的相关者为海洋生态损害的补偿主体，因海洋生态系统服务遭到破坏的受害者为受偿主体，海洋资源环境本身则为生态补偿客体。

根据“谁保护，谁受偿；谁受益，谁补偿”的原则，海洋和海岸带生态环境保护的受益者应是生态补偿的主体，而保护者则应是生态补偿的客体；海洋和海岸带生态环境的破坏者应是生态补偿的主体，而受到生态环境破坏后果影响的，则应接受生态补偿；而在部分生态补偿制度设计中，有必要通过定量核算确定生态补偿的主客体。

3.2.1.4 海洋和海岸带生态补偿标准

生态补偿标准的确定及其核算技术，一直以来均是生态补偿研究的热点。目前普遍认为海洋生态补偿标准的确定应坚持“适度”原则，生态服务价值的评估值可作为生态补偿标准的理论上限，对于生态补偿标准的理论下限不同研究者的观点略有不同。熊鹰等[155]认为湿地生态补偿额度应该以增加湿地的生态功能服务价值为上限，以农户损失的机会成本为下限，并结合农户调查确定具体标准。郑伟等[156]认为生态恢复治理成本可作为理论下限。冯友建等[157]采用生态系统服务法和机会成本法评估了围填海生态资源损失生态补偿价格，提出围填海生态损害补偿标准应以机会成本法核算结果为下限，以生态系统服务价值评估法核算结果为上限，最终通过协商博弈或借助意愿调查等方法确定。

学者利用不同方法探讨海洋开发利用行为的生态损害补偿标准。刘文剑[158]提出了海洋资源和海洋环境开发、使用补偿费的核算方法，但该方法存在系数难以确定、随意性和主观性较大等缺点。王晓云[159]分析纠正了贴现率计算方法在生态资本问题上的应用，构建了基于贴现率的海洋生态补偿额度计算方法。马彩华等[160]尝试构建了基于海域承载力与海洋生态补偿价值量核算方法。李睿倩等[161]运用能值分析了填海工程造成的供给、

153 连聘婷，陈伟琪. 填海造地海洋生态补偿利益相关方的初步探讨[J]. 生态经济，2012（4）：167-171.
154 龚虹波，冯佰香. 海洋生态损害补偿研究综述[J]. 浙江社会科学，2017，3：18-28.
155 熊鹰，王克林，等. 洞庭湖区湿地恢复的生态补偿效应评估[J]. 地理学报，2004，6：772-780.
156 郑伟，徐元，石洪华，等. 海洋生态补偿理论及技术体系初步构建[J]. 海洋环境科学，2011，30（6）：877-880.
157 冯友建，楼颖霞. 围填海生态资源损害补偿价格评估方法探讨研究[J]. 海洋开发与管理，2015，7：33-39.
158 刘文剑. 海洋资源、环境开发使用补偿费核算探讨[J]. 中国海洋大学学报（社会科学版），2005（2）：14-17.
159 王晓云. 合理运用生产产品贴现率确定生态补偿额度[J]. 生产力研究，2008，10：28-32.
160 马彩华，游奎，马伟伟. 海域承载力与海洋生态补偿的关系研究[J]. 中国渔业经济，2009，3：106-110.
161 李睿倩，孟范平. 填海造地导致海湾生态系统服务损失的能值评估——以套子湾为例[J]. 生态学报，2012，32(18)：5825-5835.

调节、文化、支持四类生态系统服务损失，结果表明烟台套子湾填海工程的能值损失货币价值远远高于依据现行生态补偿评估方法计算的结果。苗丽娟等[162]在借鉴国内外生态补偿与环境成本核算研究成果的基础上，探索了我国海洋生态补偿标准的成本核算体系，认为我国海洋生态补偿标准应基于保护建设成本、发展机会成本、生态损害成本及生态治理与修复成本进行核算确定。张继伟等[163]利用博弈论分析了海岸带化工园区环境风险及其生态补偿博弈模型，提出了核算法和博弈法两种海洋环境风险生态补偿标准核算方法。饶欢欢等[164]建立了海洋工程生态损害评估框架和生态损害补偿标准估算模型，并成功运用于厦门杏林跨海大桥的案例研究，该评估框架信息需求量小、成本低且简单易行，在小规模海洋工程的生态损害评估与补偿方面有良好的应用前景。顾奕[165]通过制定基于生态系统服务价值的海洋生态补偿基准价，确定不同用海方式的生态补偿修正系数，构建了海洋生态补偿评估模型。于志鹏等[166]以厦门海洋珍稀物种国家级自然保护区为例，根据保护区管理层次的划分及海域特点，将海域划分为 7 个区域，采用专家调查法，估算了不同海域对海洋保护区价值的贡献率与单位面积海域的价值，以及各海域中填海造地、港池/锚地、桥梁建设、采矿、修船/造船、旅游娱乐、海底工程、排污、航道、施工十大类人类活动对海洋保护区的损害程度，建立了生态损害补偿标准估算模型。

对海洋生态保护补偿标准的研究较少。徐大伟等[167]认为虽然目前海岸带生态补偿的研究较少，但包括海岸带的界定和分类、海岸带资源价值研究、海岸带生态环境管理和海岸带可持续发展等方面的研究成果为海岸带生态补偿研究提供了支撑。海岸带生态系统服务价值的评估是确定海岸带生态补偿标准的重要依据。马龙等[168]认为海岸带生态补偿标准应是海洋生态保护方的投入、海洋生态破坏的机会成本及修复成本三者的总和。张灵杰等[169]对我国海岸带资源价值的评估理论和方法进行了探讨。彭本荣等[170]利用支付意愿法对厦门海岸带的环境资源价值进行了研究。张晓雪[171]在北海市河口潮间带和海岸

---

162 苗丽娟，于永海，索安宁，等. 确定海洋生态补偿标准的成本核算体系研究[J]. 海洋开发与管理，2013，(11)：68-75.

163 张继伟，黄歆宇. 海岸带化工园区环境风险的生态补偿博弈分析[J]. 生态经济，2013（3)：184-188.

164 饶欢欢，彭本荣，刘岩，等. 海洋工程生态损害评估与补偿——以厦门杏林跨海大桥为例[J]. 生态学报，2015，35（16)：5467-5476.

165 顾奕. 围填海区海洋生态补偿标准研究[D]. 南京：东南大学，2015.

166 于志鹏，余静. 海洋保护区生态补偿标准的初步探讨——以厦门海洋珍稀物种国家级自然保护区为例[J]. 海洋环境科学，2017，36（2)：202-208.

167 徐大伟，王佳宏，段姗姗. 海岸带生态补偿机制政策研究[J]. 大连干部学刊，2011，27（11)：51-54.

168 马龙，路晓磊，张丽婷，等. 基于海洋功能区划的山东半岛蓝色经济区海洋生态补偿机制探讨[J]. 海洋开发与管理，2014，9：77-82.

169 张灵杰，金建君. 我国海岸带资源价值评估的理论与方法[J]. 海洋地质动态，2002，18（2)：1-5

170 彭本荣，洪华生，陈伟琪，等. 海岸带环境资源价值评估理论方法与应用研究[J]. 厦门大学学报（自然科学版)，2004，43：184-189.

171 张晓雪. 北海市红树林湿地保护公众参与策略初探[J]. 现代经济信息，2010，(20)：226，228.

带红树林保护对策研究中，强调了“利益补偿机制”的重要性。陈石露等[172]利用生态补偿原则，进行了滨海湿地自然保护区生态补偿研究。

3.2.1.5 海洋和海岸带生态补偿方式

生态补偿方式的选择直接影响生态补偿政策效果。韩秋影等[173]指出海洋生态资源生态补偿应包括经济补偿、资源补偿和生境补偿，建议在现有海域使用金的基础上加收生态补偿金，将海洋的生态价值纳入填海行为的总成本，从经济上制约大部分填海造陆项目的盲目实施，迫使用海行为主体节约用海。海洋生态补偿基金的资金来源包括资源税、针对负的生态效应外溢所形成的生态惩罚性收入、资源有偿使用收益等，海洋资源价值不仅要表现作为生态要素的自身价值，还应该体现包括其外溢的生态效应的价值。贾欣等[174]和郑苗壮等 [134]将生态补偿的手段分为政府补偿和市场补偿，政府补偿是补偿主体与对象通过行政调节实现补偿，市场补偿则是补偿主体与对象通过市场交易的方式实现补偿。目前我国海洋生态补偿的主要方式是政府补偿。王佳宏[175]运用 CVM 方法对海岸带生态系统服务价值进行评估测算，由此确定海岸带生态补偿标准，并通过利益相关者行为博弈分析，得出政府监管部门和企业的均衡策略，提出了建立适合我国实际情况的海岸带生态保证金制度。杨娜[176]将生态风险评价理论应用于生态补偿理论中，提出利用保证金制度实现海岸带溢油生态补偿，并构建了海岸带溢油生态补偿金核算模型。

科学、合理的生态补偿方式的设计，是决定海洋和海岸带生态补偿政策效果的关键环节之一。在设计以财政专项资金为主的生态补偿制度时，应重点通过生态补偿资金管理提高资金效率。长远来说，应探讨除资金补偿之外的政策补偿等其他生态补偿方式，例如考虑将海岸带生态补偿政策与自然岸带指标交易等其他政策交叉互动，最大限度地提升生态补偿政策效果。

3.2.2 广东省海洋和海岸带生态补偿实践探索进展

3.2.2.1 沿海渔民转产转业补偿

广东省自 2004 年以来严格执行《广东省人民代表大会常务委员会关于扶持沿海渔民转产转业 保持渔区稳定政策的决议》，通过加大财政投入，淘汰渔船，开展渔民再就业

---

172 陈石露，管华. 江苏盐城滨海湿地国家自然保护区生态补偿研究[J]. 海南师范大学学报（自然科学版），2012，25（2）：216-220.

173 韩秋影，黄小平，施平. 生态补偿在海洋生态资源管理中的应用[J]. 生态学杂志，2007，26（1）：126- 130.

174 贾欣，王淼. 海洋生态补偿机制的构建[J]. 中国渔业经济，2010，1：16-22.

175 王佳宏. 海岸带生态补偿机制研究：以大连海岸带为例[D]. 大连：大连理工大学，2011.

176 杨娜. 海岸带溢油生态补偿保证金核算及实施研究——基于生态风险评价框架[D]. 大连：大连理工大学，2014.

培训，拓宽渔业就业渠道，促进渔民转产转业有效实行。议案第一阶段 5 年期间广东全省投入渔民转产转业资金 5.875 亿元，提供渔业产业发展项目 283 个，淘汰拆解渔船 4 826 艘。议案第二阶段自 2010 年 1 月始，投入使用资金 2.813 亿元，扶持渔业专业合作社 193 个，有力解决渔民生产生活问题。广东省还执行休（禁）渔渔民生产生活补贴制度，在南海伏季休渔期和珠江流域禁渔期对渔民生产生活给予补助。专项资金补助标准为南海伏季休渔期内，休渔渔业船员每人每年补助 1 500 元；珠江流域禁渔期内，禁渔渔业船员每人每年补助 1 100 元。其中，广州、深圳、珠海、佛山、东莞、中山、江门（台山、开平、恩平除外）等经济发达地区所需补助资金全部由市、县财政负担；其他地区所需补助资金由省财政负担 50%，市、县财政负担 50%，市级财政负担比例不少于县级财政。

3.2.2.2　深圳市海洋生态补偿

2011—2012 年，深圳市作为全国海洋生态补偿试点市，重点开展海洋生态修复工程生态补偿试点工作。深圳要求包括 LNG（液化天然气）项目等海岸带相关工程需进行生态补偿和渔业资源修复，通过包括鱼、虾、贝增殖放流，珊瑚增殖，红树林修复，湿地修复，沙滩整治修复等在内的项目实现海洋生态影响的修复。

2018 年 12 月，深圳市人大常委会对《深圳经济特区海域保护与使用条例（草案）》公开征求意见，该条例草案明确提出深圳市建立海洋生态补偿制度。海洋生态补偿包括海洋生态损害补偿和海洋生态保护补偿。任何单位和个人从事海洋开发利用活动导致海洋生态损害的，应当采用实施生态修复工程或者缴纳海洋生态补偿金的方式进行补偿。市政府通过财政转移支付等方式对海洋自然保护区、海洋特别保护区等重点生态功能区的保护与修复进行补偿。因公共利益、国家安全或者环境保护的需要和因产业政策调整且用海项目属于禁止发展类产业的情形提前收回海域使用权的，应当根据海域使用年限和开发利用情况，经依法评估后给予相应补偿。经查询，截至 2020 年 7 月底，该条例暂未颁布实施。

3.2.3　我国其他地区海洋和海岸带生态补偿实践探索进展

3.2.3.1　总体情况

习近平总书记在 2013 年中共中央政治局第八次集体学习时，要求积极加快海洋生态补偿和生态损害赔偿制度建设。原国家海洋局公布的《国家海洋事业发展“十二五”规划》第七章专门规定了海洋生态补偿机制，要求在进行海洋生态补偿试点的基础上，建立海洋生态补偿机制。

我国目前还没有专门的海洋生态补偿技术规范。近年来，原国家海洋局先后组织多家单位开展海洋生态损害补偿赔偿制度和相关标准的研究，在海洋生态损害补偿办法、海洋生态损害评估技术导则、海洋生态资本评估技术导则等方面取得了阶段性成果。为科学评估全国的海洋生态资本，原国家海洋局制定了《海洋生态资本评估技术导则》（GB/T 28058—2011）。导则从我国海洋科技能力和管理水平实际出发，规范了海洋生态资本的概念体系、价值结构要素、评估程序、评估要素和指标、评估技术方法，以及评估时空范围、数据来源和评估报告编写，为实现海洋生态资源的有偿使用、海洋生态损害补偿与赔偿等工作提供了技术支撑。

为指导海洋生态损害评估，原国家海洋局还制定了《海洋生态损害评估技术导则》，分为总则和海洋溢油两部分，规定了海洋生态损害评估的工作程序、方法、内容及技术要求，为确定海洋生态损害事件的损害范围、对象和程度，制定修复方案和评估损失价值量提供了规范。导则将海洋生态损害价值评估的内容分为四部分：① 消除和减轻损害等措施费用，包括应急处理费用和污染清理费用；② 海洋生态修复费用，包括工程费用、设备及所需补充生物物种等材料的购置费用、替代工程建设所需的土地（海域）的购置费用、其他修复费用；③ 恢复期生态损失费用，包括恢复期海洋环境容量的损失价值和恢复期海洋生物资源的损失价值；④ 其他费用，包括为开展海洋生态损害评估而支出的监测、试验、评估等相关合理的费用。

山东、浙江、福建、海南、天津等沿海省市在各自出台的地方性法规中都明确规定，开发利用海洋资源，应当遵循“谁开发谁保护、谁破坏谁恢复”的原则，强调各方面保护海洋生态环境的责任和义务。2011—2012 年，威海市、连云港市、深圳市作为全国海洋生态补偿试点市，从海洋开发活动生态补偿、海洋保护区生态补偿和海洋生态修复工程生态补偿三方面推进海洋生态补偿的试点工作。山东、福建、广东等在围填海、跨海桥梁、海底排污管道等项目建设中开展生态补偿试点，由开发利用主体缴纳生态补偿费用，主管部门统筹安排海洋生态保护补偿或由开发利用主体直接采取工程补偿措施进行生态修复与整治。

3.2.3.2 香港特别行政区实施滩涂围垦补偿

香港地狭人多，也经历了大规模的填海造地，20 世纪 80 年代，香港为解决滩涂围垦造成的渔民补偿、转产问题，建立了特惠津贴制度，调查、计算渔民 3 年名义产值，参考鱼类市场价格波动确定补偿金额。此外，还对渔民进行生态补偿，将填海产生的外部负效应内部化。填海造成海水悬浮物浓度大于 500 mg/kg 或达到最高标准的，养殖户可依法申请特惠津贴补偿；超过最高标准时就要停止施工并采取修复措施。对继续在受围填海影响海域养殖的，可获得正常情况下两年渔业产值一半的特惠津贴；暂停两年在该海域养殖的渔民可获得两年养殖收入的名义损失补偿；对永久放弃在该海域养殖的渔民，将进行相当于两年收入的名义损失补偿和渔民养殖设施补偿。

3.2.3.3 山东省海洋生态损害赔偿与损失补偿

2010年，山东省颁布了《海洋生态损害赔偿费和损失补偿费管理暂行办法》，首次在地方规范性法律文件中明确使用"海洋生态补偿"。其后发布的《山东省海洋生态损害赔偿和损失补偿评估方法》，对省管辖海域内发生海洋污染事故、违法开发利用海洋资源等行为导致海洋生态损害的，以及实施海洋工程、海岸工程建设和海洋倾废等导致海洋生态环境改变的，实施海洋生态损害赔偿和海洋生态损失补偿。2016年3月，《山东省海洋生态补偿管理办法》开始实施，这是我国首个针对海洋生态补偿的省级规范性文件，明确了各级政府的海洋生态保护责任，提出将海洋生态损失补偿资金纳入省级预算管理，并针对浅海海底、海湾、河口等制定多种海洋保护补偿形式。2011—2014年，山东省批准用海项目300多项，缴纳生态补偿费3.2亿元，资助35项生态修复等项目，共支出补偿金1.19亿元。生态补偿费与海域使用金打包使用，用于建设人工鱼礁、增殖放流等海洋环境整治修复、生态建设、海洋监测和海洋管理能力建设项目。

3.2.3.4 浙江省进行海洋生态损害损失补偿立法

2013年，浙江省海洋与渔业局公布了《浙江省海洋生态损害赔偿和损失补偿管理暂行办法（草案）》，征求公众意见。草案明确规定了具体的海洋污染行为，有关海洋生态环境损害赔偿和损失补偿的索赔主体、损失评估、补偿监督、补偿费用途等。并未写明损失评估的标准和方法，而是由县级以上人民政府海洋与渔业行政主管部门委托相关资质单位对海洋工程中的海洋生态损失补偿进行量化评估。

2016年，浙江省出台《浙江省海洋生态环境保护"十三五"规划（2016—2020）》，提出建立海洋开发活动和海洋污染引起的海洋生态损害补偿制度，制定并推进出台《浙江省海洋生态损害补偿办法》，形成海洋生态损害评估和海洋生态损害跟踪监测机制，探索对重点生态保护区、红线区等重点生态功能区的转移支付制度，沿海各市分别建立1个县（市、区）级海洋生态损害补偿试点。

3.2.3.5 广西壮族自治区实施海洋生态保护补偿和海洋生态损害补偿

2019年10月，广西壮族自治区审议通过了《广西壮族自治区海洋生态补偿管理办法》（以下简称《管理办法》）。《管理办法》旨在通过实行资源有偿使用制度和污染破坏补偿制度，保护和改善海洋生态，防治污染损害，合理开发利用海洋资源，维护生态平衡，规范广西海域、无居民海岛生态补偿工作。

根据《管理办法》，海洋生态保护补偿的具体范围涵盖海洋自然保护区，海洋特别保护区（含海洋公园），水产种质资源保护区，划定为海洋生态红线区的海域，沿海各级人民政府确定需保护的其他海域，国家一类、二类保护海洋物种，列入《中国物种红色名录》的其他海洋物种，以及国家和广西壮族自治区确定需保护的其他海洋物种。补偿形式主要包括：浅海海底生态再造，通过播殖海藻、投放人工鱼礁等方式恢复浅海渔业生物种群；海湾综合治理，修复和保护海洋生态、景观和原始地貌，恢复海湾生态服务功能；河口生境修复，进行排污控制、河口清淤、植被恢复，修复受损河口生态环境和自然景观；优质岸线恢复，进行海滩和岸滩清理，退出占有的优质岸线，恢复海岸自然属性和景观，以及潮间带湿地绿化和其他需要开展的海洋保护补偿形式。

《管理办法》提出由造成海洋生态损失的自然人、法人或其他组织根据海洋生态损害补偿方案，开展海洋生态环境保护修复等相关补偿工作。具体包括受损海洋生态修复与整治，受损海洋生物资源的恢复，海洋生态污染事故应急处置，海洋生态损失与补偿的调查取证、评价鉴定和诉讼等，调查制订、实施修复方案，修复期间的监测、监管及修复完成后的验收、修复效果评估。海洋生态损害补偿费用包括以上工作费用和其他必要的合理费用。

《管理办法》明确，对侵占、截留、挪用海洋生态保护补偿资金的单位及个人，依照有关规定追究相应责任；涉嫌犯罪的，移送司法机关处理。海洋生态保护补偿资金和海洋生态损害补偿管理工作情况按年度公开，接受社会监督。

3.2.3.6 河北省颁布海洋生态补偿管理办法

2020 年 6 月，河北省颁布实施《河北省海洋生态补偿管理办法》，提出实施海洋生态补偿，包括海洋生态保护补偿和海洋生态损害补偿。海洋生态保护补偿是各级政府在履行海洋生态保护责任中，结合经济社会发展实际需要，依据所辖区域的海洋生态环境保护情况，对海洋生态系统、海洋生物资源等进行保护或修复的补偿性投入。海洋生态损害补偿是从事海域开发利用活动的单位或个人，履行海洋生态损害补偿责任，对其造成的海洋生态损害进行补偿。

该管理办法要求各级政府保障海洋生态保护和修复的补偿性投入，开展海洋生态补偿活动，具体包括：① 海洋自然保护区、海洋特别保护区、重点海洋生态功能区、水产种质资源保护区及其他重要生态敏感区的保护和修复；② 海洋污染治理；③ 海岸带生境修复、退养还滩、退养还湿等；④ 渔业资源增殖放流；⑤ 国家重点保护海洋物种和珍稀濒危海洋物种的保护；⑥ 支持海洋生态环境质量改善显著地区的其他海洋生态保护、修复和治理活动等；⑦ 开展海洋生态环境监管、监测能力建设。

海洋生态损害补偿应当以生态功能补偿和渔业资源补偿的形式落实。渔业资源补偿方案及补偿金额需征得渔业主管部门同意，经专家论证通过后纳入环评文件的环保措施，确定的补偿金额以批复的环境影响评价文件为依据。建设单位按照生态损害补偿实施方案在建设项目验收前完成生态损害补偿工作，并将海洋生态补偿措施落实情况纳入验收调查报告。在海洋和海岸工程建设项目环境影响评价文件中生态功能补偿按照《海洋生态资本评估技术导则》（GB/T 28058—2011）进行核算；海洋渔业资源现状调查和补偿金额核算按照《建设项目对海洋生物资源影响评价技术规程》（SC/T 9110—2007）要求，海洋生物资源生物量的取值不得低于《涉海建设项目对海洋生物资源损害评估技术规范》（DB13/T 2999—2019）中提出的海洋生物资源平均生物量。

3.2.3.7 舟山市探索涉海工程海洋生态补偿

舟山市从2007年开始，对海上爆破、围填海两类海洋工程实施生态补偿，当年实施海洋工程生态补偿项目18个，补偿总资金1 833万元，当年落实317万元。2008年起，全面实施涉海工程海洋生态补偿制度，对航道工程、倾倒区工程、LNG工程等类型的大型海洋工程项目进行生态补偿。2008—2013年，舟山市共签订涉海工程海洋生态补偿合同183份，合同金额共计8 620万元。

3.2.3.8 连云港市推动海洋工程生态补偿实践与立法

2010年以来，连云港市积极开展海洋生态补偿制度探索和尝试，先后落实了江苏核电、连云新城、30万t级航道一期工程、赣榆港前期工程、徐圩港区前期工程、赣榆港区15万t级航道等项目的海洋生态补偿，签约生态补偿金额近4亿元。但由于目前国家、江苏省尚未针对海洋生态补偿出台专门的规范性文件或实施细则，企业自主实施海洋生态补偿的意愿不强，个别项目推进缓慢。为解决以上问题，2017年11月，连云港市印发了《关于加强海洋生物资源损失补偿管理工作的意见》（以下简称《意见》），明确连云港市管辖海域内，对因开发利用海洋资源造成海洋生物资源损失的海洋工程（包括海岸工程），均须进行补偿。对拒不履行海洋生物资源损失补偿责任，补偿资金筹集不及时、不到位，补偿项目推进缓慢、资金使用不规范、管理混乱的用海单位，相关部门可不予环保设施验收和围填海项目竣工海域使用验收；对问题突出或造成不良影响的用海单位，将列入诚信黑名单，实行项目限批。

海洋生物资源损失补偿实行项目管理，按照“地区统筹，项目统筹”原则，根据全市海洋生态修复、保护和建设的实际需要，可以单宗用海项目单独或多宗用海项目联合的方式编制《海洋生态补偿项目实施方案》，组织开展海洋生物资源损失补偿工作。海洋生物资源损失补偿工作应符合海洋环境保护、海洋生态红线等相关规划。海洋生物资源损失补偿金额依据《江苏省海洋生物资源损害赔偿和损失补偿评估办法（试行）》的标准计算，对造成海洋保护区、生态敏感区、生态红线区损失的，可提高补偿标准。由海洋与渔业、环保行政主管部门分别组织专家对海洋、海岸工程造成的海洋生物资源损失补偿金额进行评审、核定，并在环评批复意见中予以确定。海洋生物资源损失补偿时间从用海单位取得环评批复意见之日起到用海单位提请环保设施验收和围填海项目竣工海域使用验收之日止。

《意见》明确了海洋生物资源损失补偿资金的主要用途，具体包括：① 海洋生态建设，包括海域、海岸带、海岛及特殊保护区域（海洋生态红线区、海洋与渔业保护区）的整治、修复、建设及保护；② 海洋生物多样性和典型性生态系统的保护和修复，包括海洋牧场建设、增殖放流、海藻场建设等。海洋生物资源损失补偿资金用于海洋生态建设、整治、修复、保护及海洋环境监督管理的比例不得低于项目总金额的 70%。

近几年，连云港市先后研究制定了《关于加强海洋生物资源损失补偿管理工作的意见》《连云港市海洋生态补偿资金管理暂行办法》等生态补偿配套制度。

3.2.3.9 天津市开展海洋（岸）工程生态损害评估

2014 年，天津市发布了《天津市海洋（岸）工程海洋生态损害评估方法》（DB12T 548—2014），适用于天津市管辖海域内的海洋（岸）工程对海洋生态系统造成经济损失的评估。当海洋（岸）工程造成海洋环境容量、海洋生物等公有资源损失时，采用直接评估法；当海洋（岸）工程造成文化遗迹区域、自然保护区、海洋特别行政区等破坏时，其海洋生态损害评估采用专家评估法。直接评估法采用基于生态修复措施的费用进行计算，包括海洋生态修复所发生的费用、恢复期内的海洋环境容量和海洋生物资源的损失费用。

3.2.3.10 三亚市实施潜水活动珊瑚礁生态损失补偿

2017 年 1 月，三亚市政府颁布实施了《三亚市潜水活动珊瑚礁生态损失补偿办法》[177]。该文件所指珊瑚礁生态损失补偿范围包括：① 珊瑚礁生态修复费用；② 恢复期珊瑚及其他生物资源损失费用；③ 恢复期珊瑚礁盘损失费用；④ 恢复期海洋生态服务功能损失费用；⑤ 为确定珊瑚礁生态损失的性质、范围、程度而支出的调查、评价以及专业咨询及其他合理费用。珊瑚礁海域生态损失评估按照《三亚市用海项目海洋生态损失评估方法》进行。三亚市海洋与渔业局发现破坏珊瑚礁生态损失行为或接到相关报告、举报、通报

---

177 海南三亚市出台生态损失补偿保证金制度 保护珊瑚礁生态：http：//cache.baiducontent.com/c？m=9d78d513d9d430a54f99e2697b15c0171c4380122ba6db020ba78439e2732830506793ac57220774d8d20c6616dc4e48adb0687d6d4566f58cc9fb57c0fed76d38885070214ddb1c05d36efe961938853d9458acfc1db6&p=9c759a4ed5951ac30be2960c4a47&newp=8b2a97029f934ea45ba28c22170e92695803ed6038d4db01298ffe0cc4241a1a1a3aecbf20231204d2c47d6206ae435becf73675310434f1f689df08d2ecce7e68c1&user=baidu&fm=sc&query=%C8%FD%D1%C7+%C9%FA%CC%AC%B2%B9%B3%A5&qid=b9563ca500021f15&p1=4.

后，委托具有海洋生态损失补偿评价技术能力的独立法人机构进行调查评价，评估生态损失，确定补偿资金数额。用海者每三年一次开展潜水用海区珊瑚礁生态调查与损害评估，核定生态损失补偿资金数额。珊瑚礁生态损失补偿，实行保证金制度。珊瑚礁生态损失补偿保证金是用海者为履行治理修复珊瑚礁生态环境责任而缴存的生态修复治理保证性资金。

3.2.3.11　厦门市实施海洋生态损害补偿

2018 年 4 月，厦门市政府颁布实施了《厦门市海洋生态补偿管理办法》，该管理办法提出按照“谁使用，谁补偿”原则，凡在厦门市管辖海域内依法取得海域使用权、从事海洋开发利用活动导致海洋生态损害的单位和个人，应采用实施生态修复工程或者缴交海洋生态补偿金的方式对其造成的海洋生态损害进行补偿。

采取生态修复工程方式进行海洋生态损害补偿的，用海单位和个人应按照市海洋行政主管部门批准的海洋环境影响报告书（表）中确定的生态补偿方案，实施相应的生态修复工程。采用缴交海洋生态损害补偿金方式进行海洋生态损害补偿的，填海造地用海、构筑物用海和临时用海的用海单位和个人应在工程竣工验收前，一次性缴交海洋生态损害补偿金。采用其他用海方式的用海单位和个人可以选择一次性缴交或逐年缴交海洋生态损害补偿金，逐年缴交的最后期限为当年 12 月 30 日。

海洋生态损害补偿金纳入市财政一般公共预算管理，由市海洋行政主管部门按照《厦门市非税收入管理办法》征收。海洋生态损害补偿金优先用于海洋生态环境保护、修复、整治和管理，以及因责任人破产无法承担补偿责任时生态修复计划的实施。优先使用海洋生态损害补偿金的海洋生态保护活动包括：① 清理海洋（海岸）垃圾；② 清理海域污染物、改善海域水质；③ 海底清淤与底质改造；④ 海岸带生境（沙滩、红树林、盐沼）修复；⑤ 改善海岛地形地貌、恢复岛陆植被；⑥ 渔业资源增殖放流；⑦ 海洋生态保护区、海洋特别保护区保护；⑧ 其他海洋生态保护、修复和治理活动等。

3.2.4　小结

海洋和海岸带生态补偿是我国生态补偿的重要组成部分，目前尚处于起步阶段。在实践方面，目前，我国的海洋和海岸带生态补偿仍以海洋生态损害赔偿为主，其实现形式主要包括：① 直接实施海洋和海岸带生态修复工程，对海洋环境本身进行直接的生态补偿，即生境补偿和资源补偿，此类生态修复工程不属于本书所探讨的生态补偿的范畴。② 对海洋污染事故、不当开发利用海洋资源等导致海洋生态损害的行为，要求根据生态损害进行赔偿，此类海洋生态损害赔偿以溢油污染事故赔偿、用海项目生态损害赔偿和生态补偿为主。对个体或群体因海洋环境保护的发展机会成本进行补偿也逐渐受到重视，例如对支持海洋渔业减船转产工程、退出海洋捕捞的渔民给予补贴等。但是目前大多数的海洋和海岸带生态补偿都是与海洋生态资源开发利用相关的[165,178,179]，对海洋和海岸带禁止开发区或者自然岸带保护任务较重的地区仍缺乏补偿，这就导致地区间海岸带管理的外部性和不公平，影响海岸带保护和发展的可持续性。在研究方面，已经有学者开始关注和重视地区间海岸带生态系统服务价值供给能力差异以及生态补偿等问题。

178 李京梅，侯怀洲，姚海燕，等. 基于资源等价分析法的海洋溢油生物资源损害评估[J]. 生态学报，2014，34（13）：3762-3770.

179 郝林华，陈尚，夏涛，等. 用海建设项目海洋生态损失补偿评估方法及应用[J]. 生态学报，2017，37（20）：6884-6894.

第4章

海岸带生态补偿范围与主客体研究

4.1 广东省海岸带及其保护现状

4.1.1 广东省海岸带概况

4.1.1.1 基本情况

广东省海岸带大多处于北回归线以南，东起潮州市大埕湾粤闽分界线（117°15′E），西至粤桂交界的英罗港洗米河口（119°45′E）。陆地海岸线长 4 114.3 km，是我国大陆岸线最长的省份。海岸带类型主要有沙岸、泥岸和岩岸 3 种，陆域地形地貌以台地和平原为主，间有基岩海岸。

广东省海岸带大部分区域属南亚热带季风气候，光、水、热等资源丰富，年均温为 22.3℃，年日照时数为 1 730～2 320 h，年降雨量为 1 341～2 382.8 mm。沿海天然植被主要有亚热带常绿阔叶林、亚热带针阔混交林和红树林[180]，其中红树林是海岸潮滩上一种特有的森林植被类型，主要分布在珠江口、雷州湾、镇海湾、大亚湾和海陵山湾，在粤东有 14 科 20 种，其中 3 种属于红树科。全省红树林面积在 100 km^2 以上，建立红树林湿地生态系统自然保护区 9 处。海岸带滩涂广布，面积约为 2 529.3 km^2。其中分布于大中河流河口区约 10 万 hm^2，0～10 m 等深线前海面积为 130 万 hm^2。海岸带海洋生物资源丰富，目前已记录的海洋生物达 6 000 种以上，其中海洋植物 2 000 多种、海洋鱼类 1 064 种、近海湿地有捕捞价值的海洋鱼类 100 种以上[181]、浮游动物 900 多种、大型甲壳类 500 多种[182]。沿海浮游植物年均生物量约为 1.46×10^5 个/m^3，浮游动物年均生物量为 120.5 mg/m^3，潮间带生物年均生物量为 849.6 g/m^3，浅海底栖生物年均生物量为 81.8 g/m^3，珠江淡水水

180《中国海岸带植被》编写组. 中国海岸带植被[M]. 北京：海洋出版社，1996.

181《中国海岸带社会经济》编写组. 中国海岸带社会经济[M]. 北京：海洋出版社，1992.

182 熊永柱. 海岸带可持续发展评价模型及其应用研究——以广东省为例[D]. 广州：中国科学院广州地球化学研究所，2007.

域浮游植物年均生物量为 0.8 g/m^3。

广东省海岸带矿产和能源资源丰富，主要有石油、天然气、煤、铁矿、钨矿、石英砂、锰结核和泥炭等，滨海沉积矿产主要有泥炭、钛铁砂矿、洛铁砂矿、石英砂和锡砂矿等。沿岸波浪能资源理论平均总功率为 1 739.5 MW，可开发的潮汐能资源坝址有 23 处，年总发电量为 3.42×10^7 kW·h。南海可开采石油储量达 5.8 亿 t、天然气 6 000 亿 m^3，南海北部天然气水合物（可燃冰）资源储量约 15 万亿 m^3。

广东省海岸呈岬湾相间格局，大小港湾 510 多处。其中深圳港、广州港、湛江港等已成为国内对外交通和贸易的重要通道。广州港和深圳港货物吞吐量均超亿吨。海岸带自然和人文旅游资源丰富且开发潜力大，风景、古迹旅游资源上百处，海滨浴场旅游资源 20 多处，水库和水上旅游资源、温泉旅游资源 10 多处。另外可供开发的滨海、海洋和海岛旅游资源 170 多处。

4.1.1.2 管理现状

广东省海岸带开发利用强度较大。由于海岸带粗放式开发，导致海岸带低效占有，围填海利用效率低，不合理的开发利用行为导致海洋特色生态系统和渔业资源衰退，局部地区景观趋于破碎化，湿地、防护林和沙滩等被侵占，影响了海岸带功能的正常利用。粗放式开发导致海岸带生态环境压力日益增大，局部区域生态系统功能下降，甚至退化散失，部分近岸海域环境污染严重。但目前管理手段相对落后，行政管理手段、经济管理手段、市场化手段以及公众参与手段的综合管理作用未能充分发挥，环境管理的支持能力不足，在环境监测、监理、信息管理和宣传教育上有待进一步提高。

广东省海岸带管理界限不清，多部门同时在同一片区域管理和工作，容易出现“多头管理”“都管与都不管”的现象。如《广东省河口滩涂管理条例》和《广东省渔业管理条例》均比较明确地涉及滩涂管理。滩涂上的红树林属于林业部门主管，而从事养殖业的滩涂管理则由渔业行政主管部门和土地行政主管部门共同管理[183]。另外，在海岸带的管理上各部门统筹不够，海陆分治、海岸带规划功能不清，在海岸带管理、保护和利用上缺乏海陆统筹的总体空间布局、产业布局以及环境保护规划[184]。上述问题，随着 2019 年机构改革调整，已基本解决。

由于广东省海洋综合管理起步较晚，相关法规体系仍不健全，缺乏综合的法律法规或规章，海洋主管部门与其他涉海单位及统计部门尚未建立共享信息平台，在海洋基础数据库准备、海洋环境监测以及海洋防灾减灾等方面的管理较为滞后。在综合管理海洋资源方面各管理部门间缺乏强有力的协调机制，局部利益和整体利益、眼前利益和长远

183 陈科璟. 广东省海岸带管理现状及管理范围划界方法[D]. 广州：华南师范大学，2012.

184 广东省人民政府、国家海洋局联合印发的《广东省海岸带综合保护与利用总体规划》，2017.

利益不能兼顾。另外，对于重大社会经济活动，未建立完善的生态环境决策机制，缺乏有关环保的重大决策监督与责任追究制度，在相关科学咨询制度、联合公审制度以及公众监督和参与等制度上还有待完善。

4.1.1.3　保护需求分析

广东省海岸带资源粗放式开发与利用，近年来海岸带生态环境问题日益突出，海岸带生态保护迫在眉睫，主要表现在：

（1）海岸带生物资源需保护

广东省海岸带目前已记录的海洋生物达 6 000 种以上，但随着海岸带、浅海资源的开发利用以及围海造田、填海造陆，海岸带生物资源数量下降，滩涂、红树林等生物栖息地面积不断缩小，红树林、珊瑚礁、海草床等典型海洋生态系统衰退严重[184]，海岸带生物资源保护区面积严重不足，生境质量趋于下降，生物多样性降低。广东南海北部大陆架底层渔业资源密度已不足 20 世纪 70 年代的 1/9；珠江口年均渔获物由 20 世纪 90 年代的 2 万 t 下降至近年的 0.2 万 t[185]。

（2）海岸带环境质量堪忧

随着人口和工业不断向海岸带聚集，大量未经处理的工业废水、城市生活污水以及流失的化肥、农药等陆源污染物排入江河海洋，全省 80%左右的工业废水和城市污水排入珠江口及其邻近水域[186]。大量污水汇入，导致近岸水质及近岸海域，特别是河口区和半封闭式港湾有机污染严重，2016 年广东省监测的代表性入海排污口 37.3%超标排放，纳入监测的入海河流全年向海排放污染物约 227.3 万 t。无机氮和磷等主要污染物排放超标，水体富营养化日益加剧，赤潮等海洋灾害频发，海水养殖业、捕捞业和其他海洋经济活动受到不同程度的影响。另外，污水和废水的不达标排放，对近岸地下水水质也造成严重威胁。

（3）自然岸线保有率低

围海造田、填海造陆，使得大量自然海岸被人工化，全省大陆海岸线自然岸线保有率仅 35.15%[187]，另外约有 21.6%的海岸线遭受不同程度的侵蚀，部分功能退化甚至丧失。

（4）海岸带土地资源受侵占严重

临海工业带、交通网络、水利工程、围填海和新型城镇建设占用大量海岸带土地资源，特别是耕地资源被侵占且后备资源有限。另外，海岸带地下水资源和海砂矿资源开发利用容易引起地面沉降、海水倒灌、土地盐碱化等现象，威胁海岸带耕地、植被和土地资源。

---

185 韩永伟，高吉喜，李政海，等. 珠江三角洲海岸带主要生态环境问题及保护对策[J]. 海洋开发与管理，2005，3：84-87.
186 广东省海洋局. 广东省海洋环境保护规划，2016.
187 广东省人民政府关于印发广东省沿海经济带综合发展规划（2017—2030 年）的通知，2017.

4.1.2 广东省海洋主体功能区划

4.1.2.1 广东省海洋主体功能区划结果

2017 年 12 月，广东省政府批复了《广东省海洋主体功能区规划》，规划推进实现主体功能区主要目标的时限为 2020 年。广东省海洋主体功能区规划范围包括广东省内水和领海及东沙群岛附近海域和无居民海岛，规划面积 6.47 万 km^2。

广东省海洋主体功能区包括优化开发区域、重点开发区域、限制开发区域和禁止开发区域四类。其中，优化开发区域海域面积 21 589 km^2，占全省近岸海域面积的 33.36%；重点开发区域海域面积 8 348 km^2，占全省近岸海域面积的 12.90%；限制开发区域海域面积 28 499 km^2，占全省近岸海域面积的 44.04%；另有零星分布在这三类区域的各类禁止开发区域，海域面积 6 279 km^2，占全省近岸海域面积的 9.70%（表 4-1）。

表 4-1 广东省海洋主体功能区划结果

<table>
<tr><th>类型</th><th colspan="2">区域范围</th><th>海域面积/km^2</th><th>占比/%</th></tr>
<tr><td>优化开发区域</td><td colspan="2">广州市：番禺区、黄埔区、南沙区、增城区
深圳市：宝安区、福田区、龙岗区、盐田区、南山区、大鹏新区
珠海市：香洲区、金湾区、斗门区
中山市：火炬高新技术开发区、民众镇、南朗镇
东莞市：麻涌镇、沙田镇、虎门镇、长安镇、虎门港
惠州市：惠阳区
江门市：新会区、台山市
汕头市：金平区、龙湖区、濠江区、朝阳区、澄海区
揭阳市：榕城区
湛江市：赤坎区、麻章区、坡头区、霞山区</td><td>21 589</td><td>33.36</td></tr>
<tr><td>重点开发区域</td><td colspan="2">潮州市：潮州港经济区
揭阳市：揭阳大南海石化工业区
汕尾市：汕尾市城区、深汕特别合作区
阳江市：江城区
茂名市：茂名滨海新区</td><td>8 348</td><td>12.90</td></tr>
<tr><td>限制开发区域</td><td>海洋渔业保障区</td><td>汕头市：南澳县、潮南区
揭阳市：惠来县
汕尾市：海丰县、陆丰市
惠州市：惠东县
阳江市：阳东区、阳西县
茂名市：电白区
湛江市：吴川市、雷州市、徐闻县</td><td>28 499</td><td>44.04</td></tr>
</table>

类型	区域范围		海域面积/km²	占比/%
限制开发区域	重点海洋生态功能区（生物多样性保护型）	江门市：恩平市 潮州市：饶平县 湛江市：遂溪县、廉江市		
禁止开发区域	管辖海域内依法设立的各级海洋自然保护区（包括林业自然保护区涉海部分）等，除去重叠部分，共 6 279 km²		6 279	9.70

（1）广东省海洋优化开发区域

广东省海洋优化开发区域是国家级海洋优化开发区域之一，是我国以海岸带为主体的“一带九区多点”海洋开发格局的重要节点，包括了国家战略粤港澳大湾区的部分地区。广东省海洋优化开发区域海域面积 21 589 km²，占全省近岸海域面积的 33.36%；自然岸线长 534 km，占全省自然岸线的 34.63%，自然岸线保有率 29.29%；该区域潮间带面积 497 km²，占全省潮间带面积的 35.75%。广东省海洋优化开发区域的功能定位为海洋强国战略支点、海洋强省建设重要引擎、国家海洋经济竞争力核心区、海洋科技产业创新中心、全国海洋生态文明建设示范区。

广东省海洋优化开发区域是全省海洋开发和经济、人口最集中、最密集的区域，具有良好的海洋产业体系和发展趋势。人工岸线长 1 288 km，岸线开发强度 70.71%，是全省平均值的 1.1 倍。单位岸线 GDP 为 16.6 亿元/km，是全省平均值的 1.97 倍。该区域是广东省海洋生态环境问题最突出、资源供给压力最大的区域。该区域的海水水质、沉积物、生物多样性都受到近岸城市和工业发展的较大影响。

（2）广东省海洋重点开发区域

广东省海洋重点开发区域分布在粤东西两翼，是广东省海洋开发重点布局地区。广东省海洋重点开发区域海域面积 8 348 km²，占全省近岸海域面积的 12.90%；自然岸线长 187 km，占全省自然岸线的 12.13%，自然岸线保有率 40.95%；该区域潮间带面积 165 km²，占全省潮间带面积的 11.83%。广东省海洋重点开发区域的功能定位是推动全省海洋经济持续增长的重要增长极、引领粤东西沿海发展的重要支撑点。

广东省海洋重点开发区域具有一定的海洋开发基础，初步形成了良好的海洋产业。该区域人工岸线长 270 km，岸线开发强度 59.05%。单位岸线 GDP 为 2.8 亿元/km，是全省平均值的 34%。该区域海洋生态环境基本良好，资源环境承载力较高，未来海洋发展潜力较大。

（3）广东省海洋限制开发区域

广东省海洋限制开发区域包括海洋渔业保障区和重点海洋生态功能区（生物多样性保护型），是提供海洋水产品和海洋生态功能的重要地区。广东省海洋限制开发区域海域面积 28 499 km²，占全省近岸海域面积的 44.04%；自然岸线长 821 km，占全省自然岸线的 53.24%，自然岸线保有率 44.78%；该区域潮间带面积 729 km^2，占全省潮间带面积的 52.42%。广东省海洋限制开发区域的功能定位是广东省重要海洋渔业生产基地、重要海洋生态环境保护地区，是保障海洋食品供给和生态安全的重要海域，满足人类发展对海洋渔业资源和海洋生态环境的需求，是人与海洋和谐发展的重要载体。

广东省海洋限制开发区域具有良好的海洋生态环境基础和渔业生产基础，海洋经济发展较落后。该区域人工岸线长 1 012 km，岸线开发强度 55.22%，是全省平均值的 86.5%。单位岸线 GDP 为 1.6 亿元/km，约为全省平均值的 1/5。

（4）广东省海洋禁止开发区域

广东省海洋禁止开发区域包括各级涉海自然保护区，以及广东省管辖海域的 7 个领海基点所在岛屿和 193 个位于自然保护区内的无居民海岛。全省各类涉海自然保护区共 65 个，面积 6 279 km^2，占全省近岸海域面积的 9.70%。今后新批准设立和调整的各级涉海自然保护区，自动纳入禁止开发区域范围。

广东省海洋禁止开发区域包括红树林、珊瑚礁、海草床、滨海湿地、濒危珍稀生物栖息地等典型生态系统和海洋自然遗迹的海域，是维系和发挥海洋生态功能的重要地区。其功能定位是保护典型性、代表性海洋生态系统、珍稀濒危生物、具有重要经济价值的海洋生物、具有重大科学文化价值的海洋自然历史遗迹和自然景观，确保海洋生态环境的完整性、延续性、独立性的重要区域。

4.1.2.2 广东省海洋国土空间开发规划指标

广东省海洋主体功能区规划目标为：到 2020 年，全省形成主体功能区定位清晰的海洋国土空间格局，沿海海湾更加美丽、海洋产业布局更加均衡、海洋和陆地发展更加协调，资源利用更加集约高效，生态系统更加稳定，基本实现经济布局、生态环境相协调，海洋资源开发利用与沿海经济社会可持续发展的新局面（表 4-2）。

表 4-2 广东省海洋国土空间开发规划指标

指标		2015 年	2020 年
海洋开发强度/%	全省	0.125	≤0.403
	优化开发区域	0.302	≤0.761
	重点开发区域	0.032	≤0.550
	限制开发区域	0.021	≤0.100
大陆自然岸线保有率/%	全省	36.20	≥35.00
	优化开发区域	29.29	≥28.00
	重点开发区域	40.95	≥35.00
	限制开发区域	44.78	≥43.00

指标	2015 年	2020 年
禁止开发区域内海岛个数/个	193	≥193
禁止开发区域占管理海域面积比重/%	9.70	≥9.70
一类、二类水质面积占比/%	88	≥85
修复岸线长度/km	—	≥400
海洋生态红线区面积比例/%	—	≥25
海水养殖功能区面积/km^2	1 923.61	≥3 000
单位岸线 GOP/（亿元/km）	3.69	≥5.00
单位海域 GOP/（亿元/km^2）	0.23	≥0.33

4.1.3　广东省海岸带“三区三线”空间格局

《广东省海岸带综合保护与利用总体规划》以海陆主体功能区规划为基础，划定“三区三线”，优化海岸带基础空间格局。陆域规划生态空间、农业空间、城镇空间面积分别为 2.51 万 km^2、1.84 万 km^2 和 0.99 万 km^2，比例约为 47∶34.5∶18.5。海域规划海洋生态空间、海洋生物资源利用空间和建设用海空间面积分别为 3.30 万 km^2、2.74 万 km^2 和 0.44 万 km^2，比例约为 50.9∶42.3∶6.8（表 4-3、表 4-4）。

4.1.3.1　陆域“三区”

（1）生态空间

生态空间是指具有自然属性、以提供生态服务或生态产品为主体功能的陆域空间。规划生态空间 2.51 万 km^2，占规划陆域范围总面积的 47%。禁止将生态空间生态用地用于绿化和水体、应急避难、公共文化体育或者市政基础设施建设之外的其他用途。实施绿地、水体、景观等生态建设的，配套建设的经营性和非经营性服务设施占地面积不得超过总占地面积的 3%，严格控制生态旅游度假区开发建设密度和强度。禁止破坏区域内植被或者擅自砍伐、移植树木。禁止捕捉、猎杀、贩卖野生动物或者对其实施繁殖干扰、栖地破坏。禁止擅自占用河流、湖泊、湿地等水域。严格保护海岸防护林，在海岸灾害高风险区补种沿海防护树种，完善海岸防护林体系。

表 4-3 广东省沿海地级以上城市海岸带分类分段统计[188]

序号	沿海市	管控岸段		严格保护岸线			限制开发岸线			优化利用岸线			总计/km
		岸段区间	岸段数	长度/km	占比/%	岸段数	长度/km	占比/%	岸段数	长度/km	占比/%	岸段数	
1	潮州市	1～12 段	12	23.5	31.3	5	22.1	22.1	5	35.1	46.6	2	75.3
2	汕头市	12～27 段，36～54 段	35	60.9	28.0	16	63.6	29.2	8	93.2	42.8	11	217.7
3	揭阳市	27～36 段，54～70 段，72 段	28	66.8	48.8	10	35.2	25.7	7	34.9	25.5	11	136.9
4	汕尾市	70～124 段	55	258.4	56.8	22	103.3	22.7	15	93.5	20.5	18	455.2
5	惠州市	124～176 段	53	130.3	46.3	24	25.4	9.0	12	125.7	44.7	17	281.4
6	深圳市	176～203 段	28	104.3	42.1	13	10.6	4.3	2	133.0	53.6	13	247.9
7	东莞市	203～219 段	17	4.9	5.0	8	7.2	7.5	2	85.1	87.5	7	97.2
8	广州市	219～235 段，240～241 段	19	7.4	4.7	8	34.8	22.2	4	114.9	73.1	7	157.1
9	中山市	235～239 段，241～254 段	19	2.0	3.5	6	26.3	46.1	8	28.7	50.4	5	57.0
10	珠海市	254～284 段	31	26.3	11.7	13	49.0	21.8	6	149.2	66.5	12	224.5
11	江门市	284～334 段	51	207.1	49.9	22	81.0	19.5	14	126.7	30.5	15	414.8
12	阳江市	334～381 段	48	114.8	35.5	21	129.8	40.1	16	78.9	24.4	11	323.5
13	茂名市	381～407 段	27	75.0	41.2	13	18.4	10.1	5	88.7	48.7	9	182.1
14	湛江市	407～484 段	78	501.9	40.3	31	530.6	42.7	30	211.2	17.0	17	1 243.7
总计			501（484）	1 583.6	38.5	212（202）	1 131.9	27.5	134（129）	1 398.8	34.0	155（153）	4 114.3

注：岸段号 12、27、36、54、72（涉及 3 市）、124、176、203、219、235、241、254、284、334、381、407 等 17 段为跨市岸段，实际综述为 484 段。

188 本表引自《广东省海岸带综合保护与利用总体规划》。

表 4-4　广东省沿海地级以上城市“三区”划分统计

单位：km^2

序号	沿海市	海洋生物资源利用空间	农业空间	合计	建设用海空间	城镇空间	合计	海洋生态空间	生态空间	合计	总计		
											海域	陆域	海岸带
1	潮州市	89.3	209.0	298.3	37.7	142.7	180.4	135.2	1 348.3	1 483.5	262.2	1 700.0	1 962.2
2	汕头市	941.3	872.0	1 813.3	446.8	700.4	1 147.2	3 000.2	513.8	3 514.0	4 388.3	2 086.2	6 474.5
3	揭阳市	413.0	1 055.4	1 468.4	130.8	580.1	710.9	761.3	644.3	1 405.6	1 305.1	2 279.8	3 584.9
4	汕尾市	1 766.4	2 394.7	4 161.1	542.9	380.4	823.3	4 943.1	1 031.7	5 974.8	7 252.4	3 806.8	11 059.2
5	惠州市	2 110.8	1 079.2	3 190.0	256.5	436.8	693.3	1 673.9	3 172.7	4 846.6	4 041.2	4 688.7	8 729.9
6	深圳市	719.5	108.7	828.2	146.6	832.0	978.6	788	963.8	1 751.8	1 654.1	1 904.5	3 558.6
7	东莞市	0.0	303.5	303.5	36.6	1 037.2	1 073.8	42.9	1 054.3	1 097.2	79.5	2 395.0	2 474.5
8	广州市	0.2	260.7	260.9	104.9	1 721.1	1 826.0	152.9	3 132.3	3 285.2	258.0	5 114.1	5 372.1
9	佛山市	0.0	330.9	330.9	0.0	866.0	866.0	0.0	839.1	839.1	0.0	2 036.0	2 036.0
10	中山市	4.3	370.1	374.4	47.8	510.9	558.7	125.1	854.3	979.4	177.2	1 735.3	1 912.5
11	珠海市	4 110.2	99.5	4 209.7	450.4	617.0	1 067.4	4 592.6	828.2	5 420.8	9 153.2	1 544.7	10 697.9
12	江门市	2 174.0	3 554.0	5 728.0	169.6	446.3	615.9	2 440.0	2 076.9	4 516.9	4 783.6	6 077.2	10 860.8
13	阳江市	7 227.2	2 432.4	9 659.6	742.6	479.9	1 222.5	2 346.8	819.5	3 166.3	10 316.6	3 731.8	14 048.4
14	茂名市	2 932.7	1 425.3	4 358.0	147.1	253.1	400.2	892.5	468.4	1 360.9	3 972.3	2 146.8	6 119.1
15	湛江市	4 884.3	3 934.8	8 819.1	1 127.7	857.2	1 984.9	11 036.1	7 389.9	18 426.0	17 048.1	12 181.9	29 230.0
总计		27 373.2	18 430.2	45 803.4	4 388.0	9 861.1	14 249.1	32 930.6	25 137.5	58 068.1	64 691.8	53 428.8	118 120.6

（2）农业空间

农业空间是指以农业生产和农村居民生活为主体功能，承担农产品生产和农村生活功能的陆域空间，包括永久基本农田、一般农田等农业生产用地，以及村庄等农村生活用地。规划农业空间 1.84 万 km^2，占规划陆域范围总面积的 34.5%。严格执行国家相关法律和政策，保护基本农田和耕地。鼓励发展观光型、休闲型农业。控制村庄发展规模，对村庄废物、废水排放采取有效管控措施。严格控制农业污染，防止污染近海海水和地下水。

（3）城镇空间

城镇空间是指以城镇居民生产生活为主体功能的陆域空间，包括城镇建设空间、工矿建设空间以及镇级政府驻地开发建设空间等。规划城镇空间 0.99 万 km^2，占规划陆域范围总面积的 18.5%。合理控制区内国土开发强度，保障“一轴、多中心、集群式”格局的城镇空间建设用地。区内建设用地实行统一规划，土地开发利用和各项建设必须符合规划。大力提高建设用地效率，加快城镇低效用地再开发。

4.1.3.2 海域“三区”

（1）海洋生态空间

海洋生态空间是指对维护海洋生态系统平衡、保障海洋生态安全、构建灾害防御屏障具有关键作用，在重要海洋生态功能区、海洋生态环境敏感区及脆弱区等海域，优先划定以承担生态服务和生态系统维护、灾害防御为主体功能的海洋空间。规划海洋生态空间 3.30 万 km^2，占规划海域范围总面积的 50.9%。

海洋生态空间实行分级管控。海洋生态保护红线内的海洋生态空间，保护脆弱海洋生态系统、珍稀濒危生物和经济物种；保持自然岸线、水动力环境、水质环境、地形地貌等的稳定。海洋生态保护红线外的海洋生态空间，在保持自然岸线、地形地貌、底质等稳定的基础上，经相关管理机构批准，可在限定的时间和范围内适当开展观光型旅游、科学研究、教学实习等活动，以及依法批准的其他用海活动。海洋生态空间应实施动态监测制度，及时掌握和评估海域自然资源和环境的变化。

（2）海洋生物资源利用空间

海洋生物资源利用空间指海洋环境质量较好，海洋生产力较高，可用于海洋水产品、海洋生物医药原料等供给的海域，主要以保障渔业和海洋生物医药产业发展为主体功能。通常包括传统捕捞场所、人工鱼礁区和海水增养殖区等。规划海洋生物资源利用空间 2.74 万 km^2，占规划海域范围总面积的 42.3%。推动粤东、粤西海水增养殖带发展，合理确定增养殖容量，防止对海洋环境造成污染。鼓励发展远洋捕捞业，并根据渔业资源的可捕量合理安排近海捕捞，严格控制渔场捕捞强度。根据捕捞量低于渔业资源增长量的原则，实行捕捞限额制度；严格执行伏季休渔制度。加强渔业生态环境的保护修复，采用增殖放流等措施，养护海洋生物资源。

（3）建设用海空间

建设用海空间是指海洋发展潜力较大，可用于港口和临港产业发展、重点基础设施建设、能源和矿产资源开发利用、拓展滨海城市发展的海域，主要以承担海洋开发建设和经济集聚、匹配城镇建设布局为主体功能。规划建设用海空间 0.44 万 km^2，占规划海域范围总面积的 6.8%。严格执行《围填海管控办法》《海域、无居民海岛有偿使用的意见》，科学管控建设用海空间，重点保障国家重大基础设施、国防工程、重大民生工程和国家重大战略规划用海，优先支持海洋战略性新兴产业、绿色环保产业、循环经济产业发展和海洋特色产业园区建设用海。

以生态系统为基础，划定并落实陆域城镇开发边界、永久基本农田和陆域生态保护红线；划定并落实围填海控制线、海洋生物资源保护线和海洋生态保护红线，控制海岸带开发强度，严守海岸带保护底线。

4.1.3.3　陆域“三线”

（1）陆域生态保护红线

陆域生态保护红线是指在陆域生态空间内，对维护国家和区域生态安全及经济社会可持续发展、保障人民群众健康具有关键作用，在提升生态功能、改善环境质量、促进资源高效利用等方面必须严格保护的最小空间范围与最高或最低数量限值。主要包括饮用水水源一级保护区、市级及以上自然保护区的核心区、省级及以上风景名胜区的核心景区等。划定陆域生态保护红线区面积 6 178.0 km^2。陆域生态保护红线是区域生态安全的底线，构建源头预防、过程控制、损害赔偿、责任追究的生态保护红线管制制度体系。完善陆域生态保护红线动态管理机制，建成并运行陆域生态保护红线监管平台。推进陆域生态保护红线的保护和修复。

（2）永久基本农田

永久基本农田是指无论什么情况下都不能改变其用途，不得以任何方式挪作他用的基本农田，位于陆域农业空间内。规划划定永久基本农田 11 052.1 km^2。严格执行国家相关法律和政策，保护永久基本农田。强化落实永久基本农田管控性保护：一要严格规划调整，确保布局稳定；二要严格用地审批，提高占用门槛，严控占用；三要规范永久基本农田补划，确保及时补划到位；四要严格督察执法，对违法违规占用行为要严肃查处、重典问责。

（3）城镇开发边界

城镇开发边界是指可进行城镇开发建设和禁止进行城镇开发建设的区域之间的空间界线，即允许城镇建设用地拓展的最大边界。规划划定城镇开发边界内面积 6 740.2 km^2。严格执行广东省城镇开发的相关规划，保护好城市开发环境底线。城镇空间改造要与城镇传统风貌、地方特色相协调。在历史文化名镇、名村、街区的核心保护范围设立保护标志和保护范围。对纳入保护名录的保护对象，在其核心保护范围内，除新建、扩建必要的基础设施和公益性公共服务设施外，不得进行与保护无关的建设活动。确定自然风貌区，公布自然风貌区边界控制线，实施控制和保护。禁止侵害岸线资源的公共性，严格执行海岸建筑退缩线等相关要求。

4.1.3.4 海域“三线”

（1）海洋生态保护红线

海洋生态保护红线指在海洋生态空间内，为维护海洋生态健康与生态安全，以重要海洋生态功能区、海洋生态敏感区和海洋生态脆弱区为保护重点而划定的实施严格管控、强制性保护的边界。广东省共划定 13 种类型的海洋生态红线区 268 个，总面积 18 163.98 km^2，占规划海域范围总面积的 28.1%。严格落实《广东省海洋生态红线》中的各类管控措施，积极推进红线区保护与管理，加强红线区的监视监测，确保生态功能不降低、性质不改变、空间面积不减少，对受损和退化的生态系统实施整治修复。

（2）海洋生物资源保护线

海洋生物资源保护线指在海洋生物资源利用空间内，为保障绿色安全的海洋水产品供给、保障渔业增养殖需要，划定高质量海水养殖、海洋生物资源保护的保有边界。通常包括人工鱼礁区和渔业增养殖区。规划划定海洋生物资源保护线面积 3 286.0 km^2，占规划海域范围总面积的 5.1%。加强海洋生物资源保护线水域的保护；在海洋生物资源保护线内不得新建入海排污口，已建排污口的应限期治理或搬迁。

（3）围填海控制线

围填海控制线是指在建设用海空间内，综合考虑海域和陆域资源环境承载能力、海洋开发适宜性、海洋开发强度控制目标和沿海经济社会发展需求，按照从严管控原则，划定围填海的开发边界。规划围填海控制线面积 259.0 km^2（未来确需新增的建设用围填海仅可在此范围内选址）。实施最严格的围填海总量控制制度，加强围填海项目规范管理，提高围填海项目用海门槛，推进海域资源资产化管理。加强围填海监视巡查，实施围填海专项督察，严格围填海执法检查。

4.1.3.5 陆海统筹的总体空间架构

统筹海岸带范围内陆域、海域、岸线的基本功能，协调珠三角、粤东、粤西区域发展，形成生态、生活、生产“三生”空间，引导生态环保落地、城市建设落地、生产项目落地，构建科学、有序的海岸带发展新格局，实现海岸带产业创新发展、城市品质提升、人与自然和谐共处。规划生态、生活、生产空间面积分别为 5.81 万 km^2、0.74 万 km^2 和 5.26 万 km^2，比例约为 49∶6∶45。基于海岸带功能复合性，一定条件下三类空间可兼容（表 4-5）。

表 4-5　广东省沿海地级以上城市“三生”空间划分统计

单位：km^2

序号	沿海市	生产空间			生活空间			生态空间			总计		
		海域	陆域	合计	海域	陆域	合计	海域	陆域	合计	海域	陆域	海岸带
1	潮州市	127.0	231.9	358.9	0.0	119.8	119.8	135.2	1 348.3	1 483.5	262.2	1 700.0	1 962.2
2	汕头市	1 328.3	1 053.4	2 381.7	59.9	518.9	578.8	3 000.1	513.9	3 514.0	4 388.4	2 086.2	6 474.5
3	揭阳市	540.8	1 145.3	1 686.1	3.0	490.2	493.2	761.3	644.3	1 405.6	1 305.0	2 279.8	3 584.9
4	汕尾市	2 278.5	2 502.2	4 780.7	30.7	272.9	303.6	4 943.0	1 031.8	5 974.8	7 252.3	3 806.8	11 059.2
5	惠州市	2 362.1	1 229.4	3 591.5	5.2	286.5	291.7	1 673.8	3 172.8	4 846.6	4 041.2	4 688.7	8 729.9
6	深圳市	832.6	389.3	1 212.9	33.7	551.4	585.1	788.0	963.8	1 751.8	1 654.1	1 904.5	3 558.6
7	东莞市	29.3	671.5	700.8	7.3	669.3	676.6	42.9	1 054.3	1 097.2	79.5	2 395.0	2 474.5
8	广州市	103.2	656.0	759.2	1.8	1 325.8	1 327.6	153.0	3 132.2	3 285.2	258.0	5 114.4	5 372.1
9	佛山市	0.0	484.0	484.0	0.0	712.9	0.0	0.0	839.1	839.1	0.0	2 036.0	2 036.0
10	中山市	20.5	547.9	568.5	31.6	333.1	364.7	125.3	854.1	979.4	177.4	1 737.3	1 912.5
11	珠海市	4 483.5	295.9	4 779.4	77.1	420.6	497.7	4 592.6	828.2	5 420.8	9 153.2	1 544.7	10 697.9
12	江门市	2 317.8	3 738.4	6 056.2	25.8	261.9	287.7	2 440.0	2 076.9	4 516.9	4 783.6	6 077.2	10 860.8
13	阳江市	7 968.8	2 611.8	10 580.5	1.0	300.5	301.5	2 346.7	819.6	3 166.3	10 316.4	3 731.8	14 048.4
14	茂名市	3 079.0	1 528.2	4 607.2	0.5	150.5	151.0	892.8	468.1	1 360.9	3 972.3	2 146.8	6 116.1
15	湛江市	5 882.4	4 177.8	10 060.2	129.6	614.2	743.8	11 036.1	7 389.9	18 426.0	17 048.1	12 181.9	29 230.0
总计		31 353.8	21 263.0	52 616.8	407.2	7 028.5	7 435.7	32 930.8	25 137.3	58 068.1	64 691.8	53 428.8	118 120.6

4.1.4 海岸带分级管控要求

4.1.4.1 不同类型岸线分级管控

对严格保护岸线、限制开发岸线、优化利用岸线等不同类型岸线实施分级管控的策略。

严格保护岸线要按照生态保护红线有关要求管理，确保生态功能不降低、长度不减少、性质不改变。禁止在严格保护岸线范围内开展任何损害海岸地形地貌和生态环境的活动。

限制开发岸线要以保护和修复生态环境为主，为未来发展预留空间，控制开发强度，不再安排围填海等改变海域自然属性的用海项目，在不损害生态系统功能的前提下，因地制宜，适度发展旅游、休闲渔业等产业；根据实际情况，对已经批准的填海项目要按照国家要求开展海岸线自然化、绿植化、生态化建设。

优化利用岸线为沿海地区集聚、产业升级和产城融合提供空间，要统筹规划、集中布局确需占用海岸线的建设项目，推动海域资源利用方式向绿色化、生态化转变。提高海岸线利用的生态门槛和产业准入门槛，禁止新增产能严重过剩以及高污染、高耗能、高排放项目用海，重点保障国家重大基础设施、国防工程、重大民生工程和国家重大战略规划用海；优先支持海洋战略性新兴产业、绿色环保产业、循环经济产业发展和海洋特色产业园区建设用海；严格执行建设项目用海面积控制指标等相关技术标准，提高海岸线利用效率。

优化海岸线的建设项目布局，减少对海岸线资源的占用，增加新形成的海岸线长度。新形成的海岸线应当进行生态建设，营造人工湿地和植被景观，促进海岸线自然化、绿植化和生态化，提升新形成海岸线的景观生态效果。除必须临水布置或需要实施海岸线安全隔离的用海项目，新形成的海岸线与建设项目之间应留出一定宽度的生态、生活空间。

4.1.4.2 不同类型空间分级管控

（1）生态空间管控对策

构建滨海生态防护带与养护区，发挥生态空间在防灾减灾和生态安全中的基础作用。完善生态环境保护能力和制度建设，提升生态环境保障的技术水平。加强生态环境整治与修复，综合整治重点海湾、海岛等生态环境，开展蓝色海湾、生态岛礁等工程。

实施污染物总量控制制度，严格控制人为因素对自然生态的干扰，严禁大规模的工业化、城镇化开发活动。各类设施的建设不得破坏原生态，建设面积不得超过生态空间总面积的 3%。严守生态红线，实施四个“不减少”，即自然岸线不得减少、自然湿地不得减少、沙滩不得减少、公益林不得减少。实施重要敏感目标名录制度，发布重要滨海湿地、重要砂质岸线及沙源保护海域、特殊保护海岛等敏感目标名录。

（2）生活空间管控对策

推进低碳城市建设，城市建成区绿化覆盖率达到45%。提升基础设施服务能力，城镇污水处理率达到90%，生活垃圾无害化处理率达到98%。加强城镇、乡村等人口聚集区的基层海洋减灾能力建设，为沿海社区及渔民、游客提供有针对性的海洋减灾服务产品。

（3）生产空间管控对策

生产空间合理安排国家重大项目用地用海需求，统筹海洋与陆地产业发展，在沿海地区布局重大项目、建设临海产业，应注重合理分工和产业链合作，形成陆海产业互相支撑、良性互动的格局，至 2020 年建成 10 个超 500 亿元产业集群。发挥海岸带空间优势，推进发展高端装备制造及临海工业；发挥海洋通道优势，发展海洋交通与港口物流业；发挥海洋生物、海水资源及可再生能源优势，发展海洋新兴产业；实施传统产业绿色高效发展，提升钢铁、电力等行业能效，推动农渔业创新发展。加大沿海大型工程海洋灾害风险排查和防治力度，控制工业污染物排放。

4.2　广东省海岸带开发利用现状及其影响分析

4.2.1　主要海岸带开发利用行为分析

广东是海洋大省，具有明显的海洋经济特征，而海岸带是陆海一体化发展的核心区域，决定着全省经济社会发展布局。目前广东省海岸带开发利用行为主要有：

（1）近岸海域围填海

广东省拥有全国最漫长而曲折的海岸线，优良海湾众多，围填海由“抛石促淤”式人工辅助淤泥填海，到规模化围垦造田，再到大规模建造式造地运动[189]。根据《海域使用管理公报》和《广东省海域使用统计报表》[190,191]，2002—2015 年广东省填海造地确权的海域面积大约为 7 747.66 hm^2，其中，经营性填海造地确权的海域面积占填海面积的 95.09%[192]。截至 2016 年年底，广东省用海总体规划面积为 187.21 km^2，其中 126.75 km^2 为围填海面积[192]。近年来，随着国家和广东省海洋开发战略的实施以及众多国家级项目

189 张翠萍，谢建，娄全胜，等. 广东省填海造地的发展经验及对策研究[J]. 海洋环境管理，2013，32（2）：311-315.

190 国家海洋局. 2002—2015 年的海域使用管理公报.

191 2005—2015 年的广东省海域使用统计报表.

192 周晶. 广东省填海造地用海分析及管理对策[J]. 当代经济，2017，22：38-40.

在沿海地区的落户，围填海面积迅速攀升，广东省“十二五”期间围填海确权面积达4 572.18 hm² [192]。从1996年《广东省海域使用管理规定》实施后至2017年年底，广东省填海造地面积共281.03 km²，年均填海面积12.77 km²。其中，2002年《海域使用管理法》实施以来填海造地面积204.37 km²，年均填海面积12.77 km²。从填海造地的空间分布看，珠三角沿海地区是广东省围填海的主要集中区，已确权的围填海面积占全省围填海面积的64.97%，粤西和粤东围填海面积分别占全省围填海面积的19.65%和15.39% [192]。

（2）渔业捕捞、海水养殖

广东省海水养殖业开始于20世纪70年代末、80年代初。1978年海水养殖量为8416 t，截至2012年，广东省海水养殖量达到275.73万t，增长了326.6倍。从养殖方式看，围海养殖是最主要的养殖类型，据统计，2012年广东省围海养殖面积达到74 229 hm² [192]。一般而言，海洋沿岸渔业资源密度应高于外海，但由于沿岸过度捕捞，广东省沿岸渔业资源密度已低于外海。据有关专家评估，广东省海洋渔业资源年可捕获量为100万～110万t，但近年来，广东省海洋渔业资源年捕获量在180万t以上，过度捕捞行为导致水产资源枯竭，主要经济鱼种明显减少。捕捞渔船增加的速度远远超过鱼类生长速度，出现严重失衡，如2012年广东省机动渔船有72 646艘，比1978年增加10倍之多[193]。

（3）基础设施建设

港口是水陆交通的枢纽，改革开放后，广东省港口事业快速发展，共有生产性泊位2 842个，其中万吨级泊位222个，2008年群生港口货物吞吐量达9.88亿t，集装箱吞吐量达4 038万标准箱[194]。随着港口建设、人口聚集，沿海高速公路、滨海公路、滨海旅游基础设施建设等也成为广东省海岸带的重要利用行为之一。

（4）城镇建设和滨海旅游

广东省沿海城镇密集，人口众多，根据《广东省沿海城镇体系规划》，粤东和粤西沿海地区2010年总人口分别控制在1 700万和1 600万，并建立沿海城镇发展轴。根据《广东省发展滨海旅游业实施方案》，广东省至2015年建成具有国际竞争力的重要滨海旅游目的地，建设了珠江三角洲、粤东和粤西三大滨海旅游区，2015年实现滨海旅游业年均增长18.4%，占海洋生产总值的15%。

（5）临海工业

临海工业也是广东省海岸带利用方式之一。《广东省沿海经济带综合发展规划（2017—2030年）》提出建设绿色高端的沿海临港重化工产业带，加快建设惠州、湛江、茂名、揭阳四大炼化一体化基地，提升珠海高栏港、江门银洲湖等精细化工基地发展水平，支持湛江钢铁基地优化发展，支持阳江高新区高端不锈钢产业基地建设，重点建设

193 庞金周. 广东海洋渔业可持续发展机制研究[D]. 湛江：广东海洋大学，2014.
194 徐伟海，张干. 建设绿色港口，提升广东省港口可持续发展能力[J]. 广东可持续发展研究，2012（7）：10-14.

江门银洲湖、湛江麻章和东海岛、阳江高新区等精品纸业基地。

4.2.2　海岸带开发利用的生态影响

（1）海岸带生态环境质量下降

广东省海岸带开发利用在促进经济发展的同时也对海岸带生态环境造成严重影响和干扰。围填海强烈干扰了近岸海域生态系统，造成海岸线缩短、湿地面积缩减、生物栖息地散失等。据统计，1998—2002 年广东省海岸湿地面积减少 798.28 km^2，而盲目围填海是造成湿地面积减少的主要因素；湿地面积减少又进一步导致湿地底栖生物栖息地和产卵地遭到破坏。

（2）海水水质恶化

大规模的海水养殖造成岸线水质受到不同程度的污染，海水养殖中大量化肥、农药排入海中，易造成海水富营养化，致使养殖环境呈恶性循环。一段时期内城镇化进程无序和超常规发展、布局不合理、环保等基础设施严重滞后等造成生活污水收集率和处理率很低，大量未经处理的生活污水直接排海或随径流入海，加重了污染的治理难度。

（3）部分海洋自然保护区空间被侵占[195]

部分自然保护区被撤销，如江门广海湾蓝蛤自然保护区由于台山核电的建设而撤销，大杧岛野生动物放养保护区由于珠海高栏港规模的扩大被撤销，中山进口浅滩海洋生态系统保护区由于中山围填海工程的建设而撤销。部分自然保护区的水体与生态环境受到不同程度的胁迫，如大襟岛白海豚自然保护区紧邻台山核电，受核电温排水影响较大；大亚湾水产资源自然保护区由于受深圳岭澳核电一期和二期、大亚湾核电站、惠州石化、平海电厂等开发活动的影响，浮游植物种群结构与水产资源均发生了一定改变，核电站出水口附近的造礁石珊瑚覆盖率降低，且大亚湾北部目前已基本没有造礁石珊瑚分布，中北部造礁石珊瑚覆盖率持续降低。在保护范围的动态方面，粤港澳大湾区近海海湾湿地自然保护区范围不断减少，只能通过扩大深远海自然保护区面积，来维持整个湾区海洋自然保护区面积的平衡。

4.2.3　海岸带开发利用行为生态补偿需求分析

从现状看，广东省海岸带开发利用行为已经造成一定的生态环境不良影响，且这部分生态环境不良影响的恢复成本并未由开发利用者承担。这一现象导致了以下几种后果：其一，由于开发利用者未承担生态环境损害成本，导致其成本偏低，使其海岸带生态环境损害行为得以继续施行；其二，由于开发利用者未支付海岸带生态环境损害成本，导

195 赵蒙蒙，寇杰锋，杨静，等. 粤港澳大湾区海岸带生态安全问题与保护建议[J]. 环境保护，2019（23）：29-34.

致海岸带生态环境损害未能得到及时修复与恢复，造成海岸带生态环境质量下降；其三，由于开发利用所导致的生态环境损害未能得到及时修复和恢复，导致海岸带生态环境质量下降，进而影响其他海岸带生态系统服务享受者，客观上造成损害的扩大和转嫁；其四，由于开发利用者未支付海岸带生态环境损害成本，最终由政府承担海岸带生态环境修复或恢复责任，造成海岸带生态环境损害成本的转嫁。综上所述，为了避免以上不良影响的产生，有必要开展海岸带开发利用行为生态补偿，对海岸带开发利用行为所导致的生态环境成本进行内部化，并且该成本由开发利用主体承担。

4.3 广东省海岸带生态补偿主客体分析

4.3.1 海岸带保护生态补偿主客体研究

广东省海岸带存在比较强烈的开发利用和生态环境保护之间的矛盾，如何正确处理好海岸带生态环境保护与开发利用、实现海岸带的可持续发展是广东省海洋生态文明建设的重要课题。《广东省海洋主体功能区划》通过对全省海洋优化开发区、重点开发区、限制开发区和禁止开发区设置不同的海洋开发强度和大陆自然岸线保有率指标要求，实质上赋予了不同主体功能区不同的发展权。《广东省海岸带综合保护与利用总体规划》将海岸线划分为严格保护岸线、限制开发岸线和优化利用岸线三种类型分级管控，各级发展权实现程度存在差距。所以，海洋主体功能区等规划，从空间发展格局上对全省各地海岸带的功能、发展定位进行规划，为确保全省海洋、海岸带得到公平的发展，有必要对发展权受限的区域进行补偿，消除环境外部性。

生态补偿的问题总是出在区域之间难以形成承担责任机制[196]。正是区域之间的生态服务溢出效应与部分区域的发展权限制要求对目前“免费”享受其他区域提供的生态服务的地区向发展权受到限制的地区提供补偿。

从海岸带空间发展格局看，《广东省海洋主体功能区划》以县为单位，明确了全省海洋主体功能区包括优化开发、重点开发、限制开发和禁止开发四类主体功能区，其中，发展权部分受限的限制开发区域海域面积 28 499 km^2，占全省海域面积的 44.04%，主要包括汕头市的南澳县和潮南区，揭阳市的惠来县，汕尾市的海丰县和陆丰市，惠州市的惠东县，阳江市的阳东区和阳西县，茂名市的电白区，湛江市的吴川市、雷州市和徐闻县，江门市的恩平市，潮州市的饶平县，湛江市的遂溪县和廉江市。发展权严格受限的各类禁止开发区域，面积 6 279 km^2，占全省海域面积的 9.70%。根据“谁保护，谁受偿；

196 丁四保. 主体功能区的生态补偿研究[D]. 北京：科学出版社，2008.

谁受益，谁补偿”的原则，省内海洋优化开发区和重点开发区由于充分享受发展权利，应向包括海洋渔业保障区、重点海洋生态功能区（生物多样性保护型）和海洋禁止开发区等发展权受限地区进行补偿。综上所述，海洋作为广东省重要的生态系统，提供了丰富的辐射全省的海洋生态系统服务，应由省政府代表全省对海域分布的地区进行生态补偿；广东省海洋主体功能区政策下，海洋生态补偿的主体应为省政府和海洋优化开发区、海洋重点开发区所在地的政府和人民；海洋生态补偿的客体应为海洋限制开发区和海洋禁止开发区所在地的政府和人民。

《广东省海岸带综合保护与利用总体规划》根据《海岸线保护与利用管理办法》，以海岸线自然属性为基础，结合开发利用现状与需求，将海岸线划分为严格保护岸线、限制开发岸线和优化利用岸线三种类型。其中，严格保护岸线要按照生态保护红线有关要求管理，确保生态功能不降低、长度不减少、性质不改变。禁止在严格保护岸线范围内开展任何损害海岸地形地貌和生态环境的活动。可见，严格保护岸线属于发展权被严格限制的区域。限制开发岸线要以保护和修复生态环境为主，为未来发展预留空间，控制开发强度，不再安排围填海等改变海域自然属性的用海项目，在不损害生态系统功能的前提下，因地制宜，适度发展旅游、休闲渔业等产业；根据实际情况，对已经批准的填海项目要按照国家要求开展海岸线自然化、绿植化、生态化建设。可见，限制开发岸线的发展权被部分限制。优化利用岸线为沿海地区集聚、产业升级和产城融合提供空间，为发展权得到最大实现的区域。根据“谁保护，谁受偿；谁受益，谁补偿”的原则，在全省海岸带综合保护和利用整体格局下，海岸带提供的生态系统服务价值辐射全省，应由省政府代表全省各地对具有海岸带的地区进行生态补偿；严格保护岸线和限制开发岸线为保障海岸带整体生态安全，其发展权受到限制，应对其进行生态补偿，是生态补偿的客体；优化利用岸线的发展权得到了充分实现，并享受了其他两类岸线保护的生态效益，是岸线生态环境保护的受益者，应作为生态补偿的主体支付补偿（表 4-6，图 4-1）。

表 4-6　基于空间发展权实现程度的广东省海岸带保护生态补偿主体和客体

依据	生态补偿主体	生态补偿客体	补偿责任
基于海洋主体功能区	省政府	全省海岸带所在地的政府和人民群众	全省海岸带对全省其他地区所提供的外溢生态系统服务
	广东省海洋优化开发区和重点开发区地方政府和人民群众	广东省海洋限制开发区和禁止开发区相关地方政府和人民群众	海洋限制开发区和禁止开发区所提供的外溢生态系统服务
基于海岸带综合保护与利用总体规划	省政府	全省海岸带所在地的政府和人民群众	全省海岸带对全省其他地区所提供的外溢生态系统服务
	优化利用岸线内地方政府和人民群众	严格保护岸线、限制开发岸线相关地方政府和人民群众	严格保护岸线、限制开发岸线所提供的外溢生态系统服务

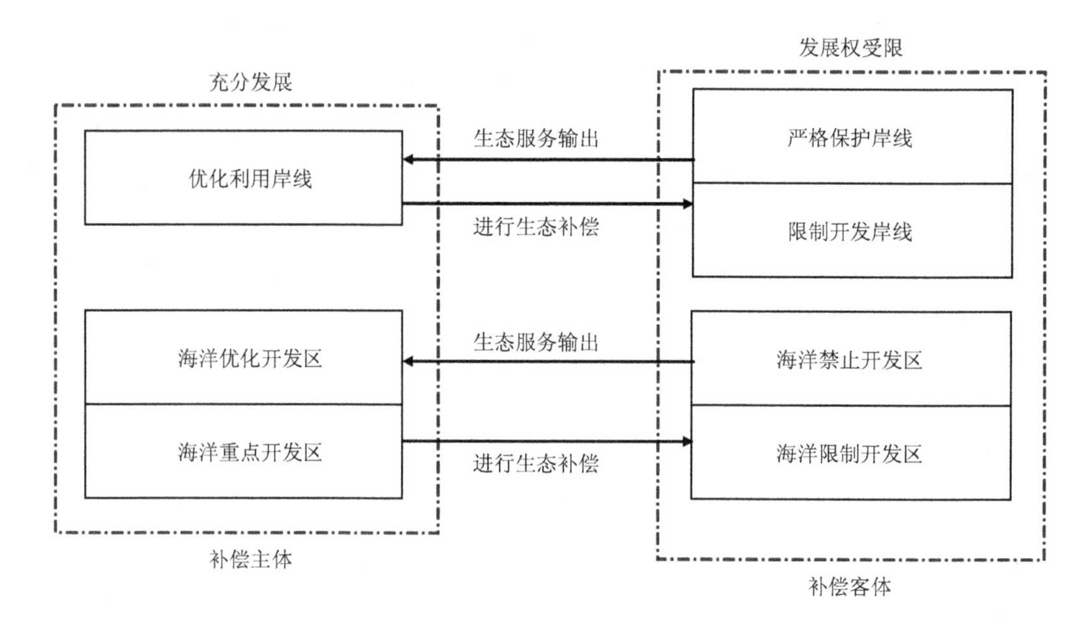

图 4-1 广东省基于海岸带保护生态补偿中的责任关系

当然，在确定地区间的生态补偿关系时，应该从生态系统服务价值的流动方向上确定区域间的生态补偿主客体关系。从理论上，存在生态系统服务从生态系统服务价值密度较大的地区向密度较小的区域流动的现象，也就是说生态系统服务价值密度大的地区提供了外溢生态系统服务，生态系统服务价值密度小的地区享受了外溢生态系统服务。根据“谁受益，谁补偿”的原则，在生态系统服务分布不均的情况下，地区间存在生态系统服务价值外溢供应关系，享受外溢生态系统服务的地区应支付生态补偿。

基于本书第 5 章研究所得，广东省海岸带地区的生态系统服务价值密度（1 318.56 万元/km^2）低于全省陆地生态系统服务价值密度平均水平，即可认为海岸带不向海岸带外其他地区提供外溢生态系统服务。因此，省财政仅需对海岸带地区内禁止开发区进行生态补偿支付。广东省海岸带保护生态补偿以海岸带地区内部横向生态补偿为主，其中海岸带保护任务较轻、获得外溢生态系统服务的区县为海岸带保护生态补偿的主体，海岸带保护任务较重、提供外溢生态系统服务的区县为海岸带保护生态补偿的客体。

4.3.2 海岸带开发利用行为生态补偿主客体研究

海岸带开发利用过程中，可能导致海岸带生态环境损害，根据“谁破坏，谁补偿”的原则，应该由海岸带开发利用行为实施者依据其生态环境损害情况，进行生态补偿。由于海岸带开发利用行为所导致的生态环境损害具有明确的行为与损害结果关系、明确的生态环境损害影响范围，因此，海岸带开发利用行为生态补偿存在补偿主体明确、生态环境损害范围明确、生态环境损害程度与内容明确等特征，可选择采取由生态补偿主体直接实施生态修复工程或缴纳海洋生态补偿金两种补偿方式。在现有海岸带开发利用行为生态补偿实践中，上述两种方式均有，例如，广西壮族自治区海洋生态补偿中由造成海洋生态损失的自然人、法人或其他组织根据海洋生态损害补偿方案，开展海洋生态环境保护修复等相关补偿工作。具体包括受损海洋生态修复与整治，受损海洋生物资源恢复，海洋生态污染事故应急处置，海洋生态损失与补偿的调查取证、评价鉴定和诉讼等，调查制订、实施修复方案，修复期间的监测、监管及修复完成后的验收、修复效果评估。

4.3.3　小结

广东省开展海岸带保护生态补偿的思路是在实现全省海岸带“三区三线”功能定位与发展目标的前提下，逐步实现不同地区之间海岸带协调发展与生态环境全面优化，利用生态补偿制度解决地区间海岸带生态环境保护成本外部性问题，由生态保护受益者承担保护成本，激励限制开发岸线所在地主动保护，保障严格保护岸线的保护资金来源，同时趋于实现“谁开发、谁保护，谁污染、谁治理，谁破坏、谁恢复”的责任明确的局面。

考虑全省海岸带地区未向海岸带以外地区提供外溢生态系统服务价值，基于“谁保护，谁受偿”原则，由省财政对海岸带地区内禁止开发区进行生态补偿支付。

从全省海岸带“三区三线”分级管控策略的落实以及海岸带生态环境保护与综合开发共赢目标的实现出发，海岸带生态补偿应包括两种类型，即海岸带保护生态补偿和海岸带开发利用生态补偿。从目前广东省深圳市等地的实践探索看，海岸带开发利用生态补偿与具体的开发利用行为相联系，可在海岸带开发利用项目环境影响评价的基础上，进一步测算开发利用项目生态环境影响的价值，进而通过缴纳保证金或者制定和实施具体生态补偿措施的方式，落实海岸带开发利用行为生态补偿（图 4-2）。

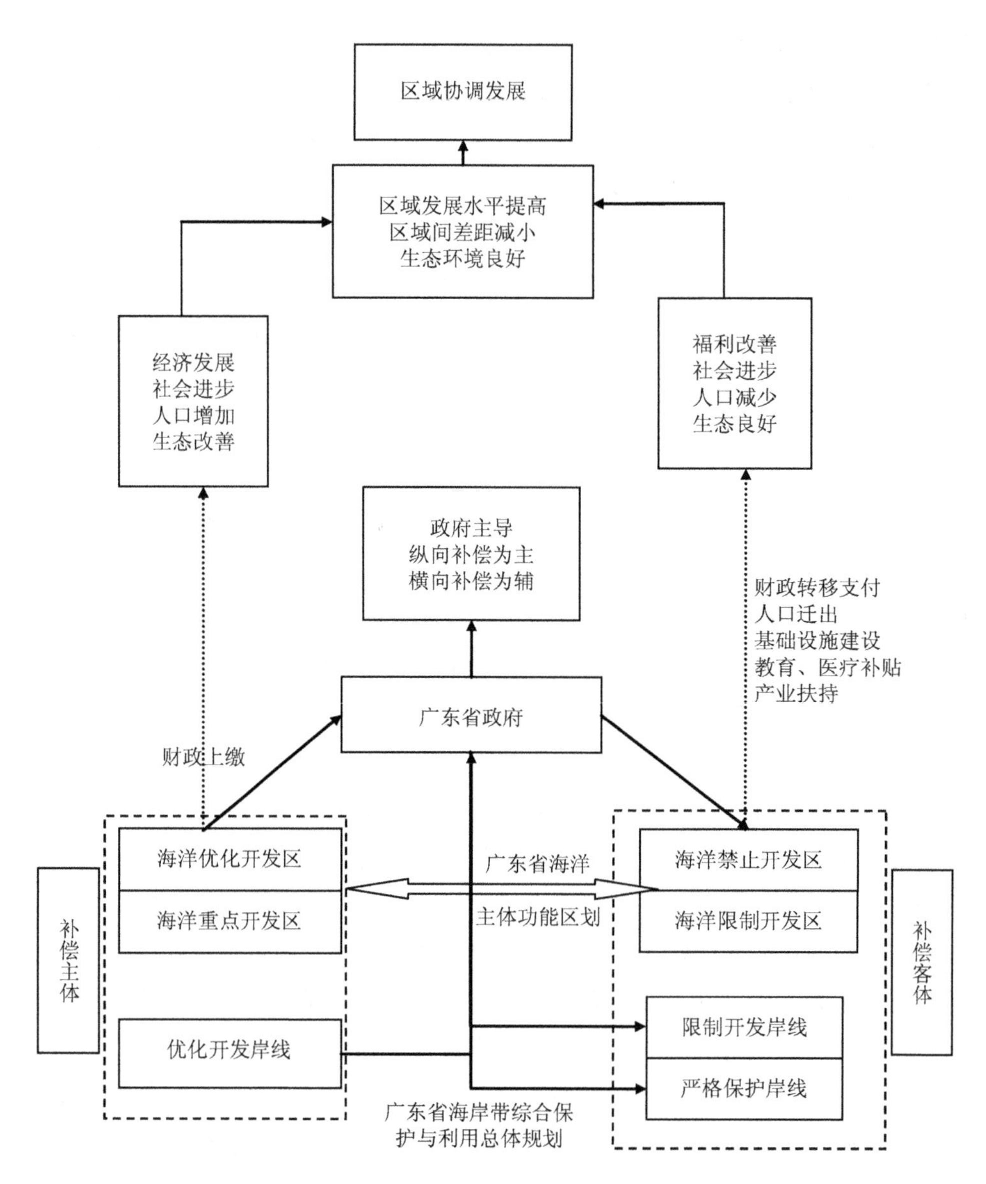

图 4-2 基于相关区划的海岸带保护生态补偿思路与框架

第5章

基于地区间海岸带生态保护责任均衡的生态补偿标准研究

5.1 基于生态系统服务价值的海岸带保护生态补偿标准核算

5.1.1 广东省海岸带生态系统服务价值核算方法

本书根据生态系统服务的一般理论，结合研究区实际，对广东省海岸带生态系统服务功能价值进行定量分析，并在此基础上对海岸带保护生态补偿标准进行探讨和研究。

5.1.1.1 陆地生态系统服务功能价值评估方法构建

1997年，Costanza等[197]对全球生态系统服务价值进行了全面评估，掀起了生态系统服务价值评估研究的热潮。谢高地等在Costanza等研究的基础上，根据我国的实际情况，制定了我国陆地生态系统单位面积生态服务价值表[198,199]，并成为许多学者研究中所采用的基础数据。本书中陆地生态系统服务价值评估方法参考谢高地[200]等改进的基于单位面积价值当量因子的生态系统服务价值化方法。

（1）1个标准单位生态系统服务价值当量因子的价值量

1个标准单位生态系统生态服务价值当量因子（以下简称标准当量）是指1 hm^2全国平均产量的农田每年自然粮食产量的经济价值，将单位面积农田生态系统粮食生产的净利润作为1个标准当量因子的生态系统服务价值量。农田生态系统的粮食产量价值主要依据稻谷、小麦和玉米三大粮食主产物计算。其计算公式如下：

---

197 Costanza R，D'Arge R，De Groot S，et al. The value of the world's ecosystem services and natural capital[J]. Ecological economics，1998，25（1）：3-15.

198 谢高地，鲁春霞，冷允法，等. 青藏高原生态资源的价值评估[J]. 自然资源学报，2003，18（2）：189-196.

199 谢高地，甄霖，鲁春霞，等. 一个基于专家知识的生态系统服务价值化方法[J]. 自然资源学报，2008，23（5）：911-919.

200 谢高地，张彩霞，张雷明，等. 基于单位面积价值当量因子的生态系统服务价值化方法改进[J]. 自然资源学报，2015，30（8）：1243-1254.

$$D = S_r \times F_r + S_w \times F_w + S_c \times F_c \tag{5-1}$$

式中，D——1 个标准当量因子的生态系统服务价值量，元/hm^2；

S_r——研究年份稻谷的播种面积占三种作物播种总面积的百分比，%；

S_w——研究年份小麦的播种面积占三种作物播种总面积的百分比，%；

S_c——研究年份玉米的播种面积占三种作物播种总面积的百分比，%；

F_r——研究年份全国稻谷的单位面积平均净利润，元/hm^2；

F_w——研究年份全国小麦的单位面积平均净利润，元/hm^2；

F_c——研究年份全国玉米的单位面积平均净利润，元/hm^2。

（2）生态系统服务功能的分类

采用千年生态系统评估方法，将生态系统服务分为供给服务、调节服务、支持服务和文化服务四大类，并进一步细分为食物生产、原料生产、水资源供给、气体调节、气候调节、净化环境、水文调节、土壤保持、维持养分循环、维持生物多样性和提供美学景观 11 种服务功能。

（3）单位面积生态系统服务功能价值的基础当量表

谢高地等[201]（2015）假设生物量可以在很大程度上反映不同类型生态系统之间服务功能的差异，系统收集和梳理了国内已发表的以功能价值量计算方法为主的生态系统服务价值量评价研究成果，利用净初级生产力（NPP）数据，并结合专家经验构建不同类型生态系统和不同种类生态系统服务功能价值的基础当量，如表 5-1 所示。

（4）单位面积生态系统服务功能价值当量的本地化校正

生态系统在不同区域的内部结构与外部形态是有差异的，根据谢高地等的研究，生态系统食物生产、原料生产、气体调节、气候调节、净化环境、维持养分循环、维持生物多样性和提供美学景观功能与生物量在总体上呈正相关，水资源供给和水文调节与降水变化相关，该研究确定了 NPP 和降水的调整系数，通过式（5-2）对生态服务空间变化价值当量表进行本地化校正。

$$F_{ni} = \begin{cases} P_i \times F_{n1} \\ R_i \times F_{n2} \end{cases} \tag{5-2}$$

式中，F_{ni}——某种生态系统在第 i 地区第 n 类生态服务功能的单位面积价值当量因子；

F_n——该类生态系统的第 n 种生态服务价值当量因子；

P_i——该类生态系统第 i 地区的 NPP 空间调节因子；

R_i——该类生态系统第 i 地区的降水空间调节因子；

201 谢高地，张彩霞，张雷明，等. 基于单位面积价值当量因子的生态系统服务价值化方法改进[J]. 自然资源学报，2015（8）：1243-1254.

n_1——食物生产、原料生产、气体调节、气候调节、净化环境、维持养分循环、维持生物多样性和提供美学景观等服务功能；

n_2——水资源供给或者水文调节服务功能。

表 5-1　单位面积生态系统服务价值当量[202]

生态系统分类		供给服务			调节服务				支持服务			文化服务
一级分类	二级分类	食物生产	原料生产	水资源供给	气体调节	气候调节	净化环境	水文调节	土壤保持	维持养分循环	维持生物多样性	提供美学景观
农田	旱地	0.85	0.40	0.02	0.67	0.36	0.10	0.27	1.03	0.12	0.13	0.06
	水田	1.36	0.09	–2.63	1.11	0.57	0.17	2.72	0.01	0.19	0.21	0.09
森林	针叶	0.22	0.52	0.27	1.70	5.07	1.49	3.34	2.06	0.16	1.88	0.82
	针阔混交	0.31	0.71	0.37	2.35	7.03	1.99	3.51	2.86	0.22	2.60	1.14
	阔叶	0.29	0.66	0.34	2.17	6.5	1.93	4.74	2.65	0.20	2.41	1.06
	灌木	0.19	0.43	0.22	1.41	4.23	1.28	3.35	1.72	0.13	1.57	0.69
草地	草原	0.10	0.14	0.08	0.51	1.34	0.44	0.98	0.62	0.05	0.56	0.25
	灌草丛	0.38	0.56	0.31	1.97	5.21	1.72	3.82	2.40	0.18	2.18	0.96
	草甸	0.22	0.33	0.18	1.14	3.02	1.00	2.21	1.39	0.11	1.27	0.56
湿地	湿地	0.51	0.50	2.59	1.90	3.60	3.60	24.23	2.31	0.18	7.87	4.73
荒漠	荒漠	0.01	0.03	0.02	0.11	0.10	0.31	0.21	0.13	0.01	0.12	0.05
	裸地	0.00	0.00	0.00	0.02	0.00	0.10	0.03	0.02	0.00	0.02	0.01
水域	水系	0.80	0.23	8.29	0.77	2.29	5.55	102.24	0.93	0.07	2.55	1.89
	冰川积雪	0.00	0.00	2.16	0.18	0.54	0.16	7.13	0.00	0.00	0.01	0.09

1）NPP 空间调节因子 P_i 的计算方法为

$$P_i = B_i / \overline{B} \tag{5-3}$$

式中，B_i——该类生态系统第 i 地区的 NPP，t/hm^2；

$\overline{B}$——全国范围该类生态系统的年均 NPP，t/hm^2。

2）降水空间调节因子 R_i 的具体计算方法如下：

$$R_i = W_i / \overline{W} \tag{5-4}$$

式中，W_i——第 i 地区的平均单位面积降水量，mm；

$\overline{W}$——全国年均单位面积降雨量，mm。

（5）生态系统服务价值计算模型

生态系统服务价值计算模型为

$$\mathrm{ESV} = \sum_{i}\sum_{n} A_i \times F_{ni} \times D \tag{5-5}$$

式中，ESV——生态系统服务价值，元；

A_i——第 i 类生态系统面积，hm^2；

F_{ni}——校正后的第 i 类生态系统第 n 种生态服务的单位面积价值当量因子；

D——1 个标准当量因子的生态系统服务价值，元/hm^2。

5.1.1.2 滨海生态系统服务功能价值评估方法构建

根据滨海湿地分类方法，广东省滨海生态系统可以划分为近海水域、岩石海岸、沙石海滩、淤泥质海滩、潮间盐水沼泽、红树林、河口水域、河口三角洲/沙洲/沙岛 8 个类型。基于千年生态系统评估体系和前人研究成果，将生态系统服务功能划分为供给服务、支持服务、调节服务和文化服务四大类，在此基础上，综合考虑数据的可获取性、评价方法的实用性以及避免重复性计算问题，将广东省滨海生态系统服务分为 10 项，包括食物生产、原料生产、气候调节、气体调节、净化环境、水源涵养、土壤保持和旅游娱乐服务等。在高崟等[202]的研究基础上，建立了符合广东省海岸带生态系统实际情况的滨海生态系统服务供给矩阵，具体见表 5-2。各生态系统服务价值含义和评估方法见表 5-3。

表 5-2 广东省滨海生态系统服务供给矩阵

滨海生态系统	面积/km^2	食物生产	原料生产	气候调节	气体调节	净化环境	消浪护岸	水源涵养	土壤保持	旅游娱乐服务
近海水域	64 700	+	+	+	+	+				+
岩石海岸	0.117 1						+			+
沙石海滩	56.457 0						+			+
淤泥质海滩	175.930 8	+				+	+	+		+
潮间盐水沼泽	2.250 0	+	+			+	+	+	+	+
红树林	84.535 2	+				+	+	+	+	+
河口水域	262.637 0					+				+
河口三角洲/沙洲/沙岛	12.885 0						+			+

注：“+”表示该类滨海生态系统具有该项生态系统服务功能。

202 高崟，崔丽娟，王发良，等. 基于大数据的湿地生态系统服务价值评估[J]. 水利水电技术，2017，48（9）：1-10.

表 5-3　广东省滨海生态系统服务价值含义和评估方法

生态系统服务类别	生态系统服务	服务价值含义	评估方法
供给服务	食物生产	滨海生态系统供给鱼类、甲壳类、贝类、藻类等海水养殖产品	市场价值法
	原料生产	主要包括滨海生态系统为人类生产和生活提供的日用品、装饰品、燃料、药物等生产性原材料及生物化学物质	市场价值法
调节服务	气候调节	滨海植物和藻类通过光合作用，及贝类（壳）通过生长固定二氧化碳量	国际碳税法
	气体调节	主要是指海洋生态系统对于稳定大气组分的贡献，可采用 O_2 的释放量来计量	市场价值法
	净化环境	滨海生态系统接纳污水并通过物理、化学或生物作用进行降解和去除	污染防治成本法
	消浪护岸	主要体现在海岸滩涂、红树林、三角洲/沙洲/沙岛等动植物对海洋风暴潮和台风等自然灾害的衰减作用	成果参照法
	水源涵养	主要表现为枯水季节的补水能力以及汛期调节洪峰的能力	降水贮存量法、影子价格法
支持服务	土壤保持	一是减少土壤侵蚀价值，二是减少土壤肥力流失的价值	影子价格法
文化服务	旅游娱乐服务	滨海湿地和近岸海域旅游资源提供的旅游收入	市场价值法

（1）供给服务价值评估

供给功能，是海洋生态系统服务最基本的功能，指海洋生态系统为人类提供产品、原材料等，从而满足和维持人类物质需要的功能，主要包括食物供给、原材料供给、水资源供给和风能供电等。

1）食物生产。海洋食品供给主要是海洋为人类生活提供各种食物，主要包括鱼、虾、贝、蟹类及可食用海藻等。目前这类食物可以通过海水养殖和海洋捕捞两种方式获得，且形成了商品市场，因此可以利用市场价值法计算滨海生态系统食品供给的价值量。计算公式如下：

$$V_s = \sum_{i=1}^{n} Y_i P_i - \sum_{j=1}^{n} YC_j \tag{5-6}$$

式中，V_s——食物生产价值，元；

i——产品的种类；

Y_i——第 i 类产品的数量；

P_i——第 i 类产品的价格；

j——养殖成本支出的种类；

Y——近海养殖渔户数量；

C_j——第 j 类养殖成本。

2）原料生产。原料生产主要包括海洋为人类生产和生活提供日用品、装饰品、燃料、药物等生产性原材料及生物化学物质。由于海洋传统油气资源被认为是不可再生资源，因此一般不将其纳入海洋生态系统的原料供给服务。

（2）调节服务价值评估

1）气候调节。海洋生态系统气候调节功能主要通过浮游植物、大型藻类、红树林湿地、潮间盐水沼泽、淤泥质海滩和贝类等湿地动植物的固碳功能，以及海洋生态系统及各种生态过程对温室气体的吸收来实现，从而对某一地区或全球的气候进行调节。因此，滨海生态系统的气候调节服务价值主要是通过对 CO_2 的固定价值得以体现。其价值可以基于海域初级生产力，采用造林成本和碳税的平均值来计算。根据赵述华等[203]的研究，深圳近岸海域生态系统固碳总量为 184 万 t/a，其中浮游植物初级生产以 99.5%的贡献率占主导地位，因此本书主要考虑广东省近岸海域浮游植物的固碳价值。计算公式如下：

$$V_C = P_{PP} \times A \times 3.67 \times C \tag{5-7}$$

式中，V_C——气候调节服务价值，亿元；

P_{pp}——浮游植物初级生产力（以 C 计），g/（$m^2 \cdot a$）；

A——计算海域的面积，km^2；

3.67——浮游植物每固定 1 g 碳吸收的 CO_2 的量；

C——碳汇交易价格，元/t。

2）气体调节。气体调节又称空气质量调节，主要是指滨海湿地生态系统和海洋生态系统对于稳定大气组分的贡献，以确保人类及其他生物不受到劣质空气的危害。此项服务主要包括有益气体的释放及有害气体的吸收，其计量指标有 O_2 的释放量等。其价值可以基于海域初级生产力，采用工业制氧成本来计算。计算公式如下：

$$V_O = P_{PP} \times A \times 2.67 \times C \tag{5-8}$$

式中，V_O——气体调节服务价值，亿元；

P_{pp}——浮游植物初级生产力（以 C 计），g/（$m^2 \cdot a$）；

A——计算海域的面积，km^2；

203 赵述华，叶有华，罗飞，等. 深圳近岸海域固碳量核算初步研究[J]. 环境科学与技术，2019，42（S2）：140-147.

2.67 ——浮游植物每固定 1 g 碳释放的 O_2 的量；

C ——工业制氧价格，元/t。

3）净化环境。海洋生态系统自身具有一定的自净功能，每年接纳并净化了大量人类产生的污染物，这些污染物主要分为污水和固体废物两大类。采用污染防治法评估广东省滨海生态系统净化水质价值。计算公式如下：

$$V_{\mathrm{W}} = \sum_{i=1}^{n} m_i \times C_i \tag{5-9}$$

式中，V_{W} ——净化环境服务价值，万元；

m_i ——第 i 种污染物处理量，万 t/a；

C_i ——污染物处理单价，元/t。

4）消浪护岸。消浪护岸服务主要体现在海岸滩涂、红树林、珊瑚礁等动植物对海洋风暴潮和台风等自然灾害的衰减作用。采用成果参照法计算。

5）水源涵养。水源涵养功能主要表现为枯水季节的补水能力以及汛期调节洪峰的能力。本书采用降水贮存量法，即用生态系统的蓄水效应来衡量其涵养水分的功能。公式如下：

$$V_{\mathrm{W}} = A \times J_0 \times K \times R \times C_{\mathrm{R}} \tag{5-10}$$

式中，V_{W} ——涵养水源功能服务价值；

A ——生态系统面积，hm^2；

J_0 ——研究区多年均降水总量，mm；

K ——研究区产流降水量占降水总量的比例；

R ——与裸地（或皆伐迹地）比较，生态系统减少径流的效益系数；

C_{R} ——我国水库蓄水成本，元/m^3。

（3）支持服务价值评估

土壤保持。湿地土壤保持价值包括两个方面：一是减少土壤侵蚀价值，二是减少土壤肥力流失的价值。选取易溶于水或容易在外力作用下与土壤分离的氮、磷、钾等养分，采用影子价格法计算湿地生态系统的土壤保持价值。计算公式如下：

$$V_{\mathrm{S}} = \Delta M \times A \times P_1 + \sum_{i} \Delta M \times A \times h \times \rho \times N_i / R_i \tag{5-11}$$

式中，V_{S} ——土壤保持价值；

ΔM ——湿地植被减少土壤侵蚀的模数，m^3/（$hm^2 \cdot a$）；

A ——湿地面积，hm^2；

P_1 ——林地单位面积生产年平均效益，元/hm^2；

h ——湿地保持土壤的厚度，m；

ρ——表土层密度，g/cm^3；

P_i——第 i 种化肥（N、P、K 化肥）价格，元/t；

N_i——湿地土壤中 N、P、K 的含量，%；

R_i——化肥中 N、P、K 的含量，%。

（4）文化服务价值评估

文化服务主要为旅游娱乐服务，是指由海岸带和海洋生态系统所形成的独有景观和美学特征以及进而产生的具有直接商业利用价值的贡献。

5.1.2 广东省海岸带生态系统服务价值核算结果

本书确定的海岸带范围参考《广东省海岸带综合保护与利用总体规划》中的划分范围，涵盖广东省沿海县级行政区的陆域行政管辖范围及领海外部界线以内的省管辖海域范围。

5.1.2.1 陆地生态系统服务价值

（1）海岸带陆地土地利用类型遥感解译

本次土地利用类型遥感解译的原始数据为广东省 2018 年云量较低、质量较好的 Landsat8 卫星影像数据，后期进行融合、校正、增强、拼接、裁切等预处理，再结合往期土地利用数据、谷歌地球影像和其他辅助数据，采用全数字化人机交互作业方法，主要根据图像光谱、纹理、色调等解译而成。

1）预处理

波段选择及融合。采用最佳指数法（Optimum Index Factor）和特征值法相结合，共同确定了最佳波段组合，即 Landsat 的 4、3、2 波段，分别赋予红、绿、蓝色作为标准假彩色合成的 RGB 波段。这一假彩色影像最关键的是突出了植被特征，并且能提供丰富的信息，能充分显示各种地物特征的差别，便于分类，可以保证分类的准确性。

几何校正。采用的 Landsat 数据已经进行过辐射校正和几何粗校正，为了使数据精度进一步提高，必须进行几何精校正。采用精度较高的影像地图资料及 GIS 路网和点源数据为底图用多项式几何纠正计算模型，对遥感影像进行几何精校正，使得平原地区整体误差不大于 2 像素、山区地区不大于 3～5 像素。

图像增强。图像增强可以使视觉效果更好、计算相对简单。

影像拼接与裁剪。首先选择一个基准遥感影像，将其他遥感影像进行直方图匹配处理从而使整个区域的数据具有统一的色调，然后再将影像进行无缝拼接，之后经过裁剪得到覆盖整个研究区的遥感影像。

2）解译分类

后期解译主要采用人机交互结合的方法，由于目视解译更侧重于人的知识的参与，为了减少由于不同人员的主观差异性所造成的误差、提高遥感判读精度，建立统一解译标志是十分必要的。根据影像光谱特征，结合已有的相关资料，对地物的几何形状、颜色特征、纹理特征和空间分布情况进行分析，最终建立解译标志库，然后按照解译标志库进行解译。参照国内外现有土地利用/土地覆盖的分类体系，形成 6 个一级分类、25 个二级分类的土地利用/土地覆盖分类体系。

3）检验修正

各工序过程质量按要求进行过程检查，土地利用数据抽样检查主要是对获取的土地利用数据产品进行空间抽样检查，验证土地利用数据类型定性是否正确。验证主要依靠高分影像和往期土地利用对照检验的方式进行，从而检验并修正数据，以达到更高的准确精度。分类过程中，鉴于 Landsat 数据的空间分辨率具有局限性、同物异谱以及异物同谱现象广泛存在、错分和误分的情况很常见，需要进行除小图斑的分类后处理。一般采用聚类统计（Clump）、过滤分析（Sieve）、去除分析（Eliminate）和分类重编码（Recode）等分类方法。

4）最终成果

解译后的土地利用数据坐标系设定为 WGS84 坐标系，数据格式为 SHP 格式。土地利用类型包括旱地、水田、林地、草地、水域、湿地、居民地和裸地 8 个类型（表 5-4）。

表 5-4　广东省海岸带土地利用类型分布情况（陆地部分）　　单位：km^2

地市	县区	水田	旱地	林地	草地	水域	裸地	湿地	居民地	合计
潮州市	饶平县	301.60	224.46	818.75	151.96	104.82	5.27	4.23	68.96	1 680.04
东莞市	东莞市	160.70	142.09	562.11	51.93	264.02	0.00	2.27	1 241.97	2 425.09
广州市	番禺区	157.78	5.78	40.36	2.79	93.87	0.00	0.00	211.74	512.32
	黄埔区	55.01	28.64	218.16	0.97	22.38	0.00	0.00	155.95	481.13
	南沙区	356.23	12.26	25.31	0.65	159.86	0.00	1.51	100.47	656.28
惠州市	惠东县	355.37	260.12	2 564.44	107.30	58.34	0.78	9.70	123.21	3 479.26
	惠阳区	424.06	276.92	1 026.49	51.53	106.11	0.11	2.26	316.35	2 203.82
恩平市	恩平市	97.49	404.66	986.37	25.07	63.64	0.27	8.58	95.77	1 681.85
	台山市	619.27	206.28	1 616.49	163.32	237.97	0.23	14.55	178.52	3 036.63
	新会市	459.40	65.32	606.75	18.77	231.61	0.15	3.29	209.64	1 594.93
揭阳市	惠来县	277.29	320.17	400.80	114.78	66.27	4.19	3.50	68.77	1 255.76
茂名市	电白区	264.70	714.17	793.95	27.07	76.82	10.24	26.92	223.65	2 137.52

地市	县区	水田	旱地	林地	草地	水域	裸地	湿地	居民地	合计
汕头市	潮南区	39.90	197.30	192.00	32.78	52.40	0.00	3.07	82.61	600.06
	潮阳区	153.84	321.56	353.72	90.35	182.23	0.53	8.07	159.98	1 270.28
	澄海区	154.73	52.50	26.60	12.81	68.12	0.00	6.39	75.06	396.19
	濠江区	12.12	26.77	44.46	25.09	33.65	1.13	7.04	25.93	176.19
	金平区	23.78	0.45	11.72	3.12	56.71	0.00	2.46	45.29	143.52
	龙湖区	17.43	0.17	0.16	0.00	11.32	0.00	0.28	32.93	62.29
	南澳县	3.23	1.12	74.21	14.28	1.80	0.04	2.92	6.67	104.28
汕尾市	海丰县	321.16	181.80	847.42	221.79	84.87	4.19	12.16	77.92	1 751.30
	陆丰市	301.01	300.51	474.42	394.53	78.92	12.11	55.20	70.52	1 687.21
	城区	44.93	38.74	35.32	158.14	17.69	9.42	2.88	39.67	346.78
深圳市	宝安区	8.62	39.76	190.92	0.87	24.61	0.18	0.39	519.20	784.54
	南山区	1.38	13.98	44.71	0.11	4.69	0.00	0.34	102.19	167.40
	福田区	0.84	0.10	16.35	0.00	3.22	0.00	0.00	51.49	72.00
	龙岗区	19.21	35.35	398.59	12.94	12.61	0.00	1.26	236.54	716.50
	盐田区	0.00	0.52	47.88	1.85	1.70	0.00	0.00	16.35	68.30
阳江市	江城区	140.31	32.78	125.27	4.23	64.49	0.41	25.12	98.40	491.02
	阳东区	250.10	336.87	1 052.81	73.25	53.62	0.03	14.29	109.17	1 890.13
	阳西县	423.34	67.86	713.10	17.60	45.84	10.14	6.33	75.68	1 359.91
湛江市	赤坎区	0.32	12.98	4.56	0.00	7.69	0.00	0.00	233.68	259.23
	雷州市	351.98	1 275.70	1 474.19	6.93	141.13	8.96	30.34	33.02	3 322.24
	廉江市	455.50	810.91	1 031.40	61.96	132.86	13.07	41.38	167.53	2 714.60
	麻章区	40.14	321.52	167.63	1.51	58.05	3.87	31.51	195.68	819.91
	坡头区	19.00	249.23	69.92	2.99	71.28	2.02	8.38	97.49	520.31
	遂溪县	128.79	994.97	650.90	3.61	37.40	14.18	5.17	62.00	1 897.00
	吴川市	261.79	226.38	195.98	3.19	49.18	0.27	12.52	168.95	918.26
	霞山区	1.23	31.40	11.07	0.95	3.83	1.44	0.00	99.62	149.54
	徐闻县	74.48	730.68	807.89	3.14	69.10	0.25	11.94	44.47	1 741.95
中山市	中山市	497.71	30.29	350.65	5.13	290.42	0.15	0.32	55.43	1 230.10
珠海市	斗门区	212.74	57.71	159.76	2.82	164.48	0.00	1.97	514.41	1 113.91
	金湾区	20.21	67.01	114.91	5.12	76.92	0.00	2.67	136.33	423.17
	香洲区	20.84	21.60	216.34	9.11	24.55	3.16	2.68	121.03	419.30
总计		7 529.55	9 139.37	19 564.85	1 886.34	3 411.05	106.77	373.89	155.77	48 762.06

（2）广东省单位面积生态系统服务价值的基础当量

1）1 个标准单位生态系统服务价值当量因子的价值量

根据《中国统计年鉴 2011》《中国统计年鉴 2019》《全国农产品成本收益资料汇编 2011》和《全国农产品成本收益资料汇编 2019》，对比发现，2010—2018 年，全国稻谷、小麦和玉米平均每亩产量相对比较稳定，由于投入成本大大提高，小麦从 2013 年开始、玉米从 2015 年开始出现净利润为负的情况，稻谷 2018 年的净利润较 2010 年也下降了约 50%。因此 2018 年 1 个标准单位生态系统服务价值当量因子的价值量仍沿用 2010 年数据，即 3 406.5 元/hm^2 （表 5-5）。

表 5-5　2010 年和 2018 年全国三大粮食生产情况

指标	稻谷	小麦	玉米
2010 年播种面积/hm^2	30 189 000	24 266 000	42 130 000
2010 年播种面积百分比/%	31.26	25.12	43.62
2010 年单位面积平均净利润/（元/hm^2）	4 647.30	1 982.55	3 595.35
2018 年播种面积/hm^2	29 873 000	24 257 000	32 500 000
2018 年播种面积百分比/%	34.48	28.00	37.52
2018 年单位面积平均净利润/（元/hm^2）	988.35	−2 391.15	−2 450.10

2）调整系数

① 广东省 NPP 空间调节因子。

NPP 数据来源于美国航空航天局（https：//modis.gsfc.nasa.gov/）MOD17A3H Version6 产品数据集，空间分辨率为 500 m。对该 NPP 栅格数据在全国和广东省各类生态系统上进行分区统计，得到全国和广东省各类生态系统的平均 NPP 值，经比对得到广东省水田、旱地、林地、草地等生态系统的食物生产、原料生产、气体调节、气候调节、净化环境、维持养分循环、维持生物多样性和提供美学景观等功能的单位面积价值当量因子换算系数。湿地、水域、裸地生态系统的 NPP 误差较大，未进行本地化校正（表 5-6）。

表 5-6　广东省 NPP 空间调节因子

生态系统类型	全国平均 NPP（以 C 计）/［g/（m^2·a)］	广东省平均 NPP（以 C 计）/［g/（m^2·a)］	调整系数
水田	0.533 294 888 40	0.728 318 043 69	1.37
旱地	0.427 149 996 09	0.759 133 882 22	1.78
林地	0.703 664 416 11	1.020 704 676 96	1.46
草地	0.229 165 530 32	0.903 727 273 44	3.95

② 广东省降水空间调节因子。

根据《2018 年中国气候公报》，2018 年全国平均降水量 673.8 mm；根据《广东省气象公共服务白皮书（2019 年）》，2018 年全省平均降水量 1 801.8 mm。则根据式（5-2），广东省降水空间调节因子 R =1 801.8 mm/673.8 mm = 2.67。

3）广东省单位面积生态系统服务价值基础当量表

结合全国单位面积生态系统服务价值当量、广东省 NPP 空间调节因子和降水空间调节因子，计算得到广东省单位面积生态系统服务价值基础当量表（表 5-7），当量乘以 1 个标准单位生态系统服务价值当量因子的价值量，得到广东省单位面积生态系统服务价值量表（表 5-8）。考虑到建设用地（居民地）对生态环境产生的负效应远远大于正效应，本研究不考虑其生态系统服务价值。

表 5-7 广东省单位面积生态系统服务价值基础当量

生态系统分类		供给服务			调节服务				支持服务			文化服务
一级分类	二级分类	食物生产	原料生产	水资源供给	气体调节	气候调节	净化环境	水文调节	土壤保持	维持养分循环	维持生物多样性	提供美学景观
农田	旱地	1.51	0.71	0.05	1.19	0.64	0.18	0.72	1.03	0.21	0.23	0.11
	水田	1.86	0.12	–7.02	1.52	0.78	0.23	7.26	0.01	0.26	0.29	0.12
森林	阔叶	0.42	0.96	0.91	3.17	9.49	2.82	12.66	2.65	0.29	3.52	1.55
草地	草地平均	0.92	1.36	0.51	4.77	12.60	4.16	6.24	0.62	0.45	5.28	2.33
湿地	湿地	0.51	0.50	6.92	1.90	3.60	3.60	64.69	2.31	0.18	7.87	4.73
荒漠	裸地	0.00	0.00	0.00	0.02	0.00	0.10	0.00	0.02	0.00	0.02	0.01
水域	水系	0.80	0.23	22.13	0.77	2.29	5.55	272.98	0.93	0.07	2.55	1.89

表 5-8 广东省单位面积生态系统服务价值量 单位：万元/km²

生态系统分类		供给服务			调节服务				支持服务			文化服务	合计
一级分类	二级分类	食物生产	原料生产	水资源供给	气体调节	气候调节	净化环境	水文调节	土壤保持	维持养分循环	维持生物多样性	提供美学景观	
农田	旱地	51.44	24.19	1.70	40.54	21.80	6.13	24.53	35.09	7.15	7.83	3.75	224.15
	水田	63.36	4.09	–239.14	51.78	26.57	7.83	247.31	0.34	8.86	9.88	4.09	184.97
森林	阔叶	14.31	32.70	31.00	107.99	323.28	96.06	431.26	90.27	9.88	119.91	52.80	1 309.46
草地	草地平均	31.34	46.33	17.37	162.49	429.22	141.71	212.57	21.12	15.33	179.86	79.37	1 336.71
湿地	湿地	17.37	17.03	235.73	64.72	122.63	122.63	2 203.66	78.69	6.13	268.09	161.13	3 297.83
荒漠	裸地	0.00	0.00	0.00	0.68	0.00	3.41	0.00	0.68	0.00	0.68	0.34	5.79
水域	水系	27.25	7.83	753.86	26.23	78.01	189.06	9 299.06	31.68	2.38	86.87	64.38	10 566.62

（3）广东省海岸带及沿海各县（市、区）陆地生态系统服务功能价值

结合广东省单位面积生态系统服务功能价值量表和沿海各县（市、区）各类陆地生态系统面积，计算得到广东省海岸带及沿海各县（市、区）陆地生态系统服务价值（表 5-9）、广东省海岸带各类陆地生态系统提供的生态服务价值（表 5-10）和广东省海岸带陆地生态系统不同生态系统服务类型的生态服务价值（表 5-11）。

表 5-9　广东省海岸带及沿海县（市、区）陆地生态系统服务价值

地市	县区	食物生产/万元	原料生产/万元	水资源供给/万元	气体调节/万元	气候调节/万元	净化环境/万元	水文调节/万元	土壤保持/万元	维持养分循环/万元	维持生物多样性/万元	提供美学景观/万元	价值合计/万元	单位面积价值/（万元/km²）
潮州市	饶平县	50 062	41 370	36 294	140 847	351 508	124 279	1 449 521	88 755	14 970	140 488	64 797	2 502 890	1 489.78
东莞市	东莞市	34 395	26 989	179 709	90 291	232 247	113 682	2 756 825	65 423	9 432	102 986	52 355	3 664 334	1 511.01
广州市	番禺区	13 517	2 969	34 342	15 678	25 887	23 291	930 050	6 933	2 104	15 100	9 063	1 078 935	2 105.98
	黄埔区	8 721	8 272	10 549	28 313	74 776	25 934	316 761	21 448	2 916	29 047	13 370	540 107	1 122.59
	南沙区	27 967	3 889	36 496	26 071	30 847	35 797	1 589 316	8 033	3 893	21 057	13 425	1 796 791	2 737.83
惠州市	惠东县	77 708	97 201	43 084	325 464	895 935	278 155	1 786 863	245 624	32 185	340 016	151 668	4 273 903	1 228.39
	惠阳区	60 345	45 257	12 302	155 332	379 817	131 269	1 556 983	107 152	16 934	148 536	68 256	2 682 183	1 217.06
恩平市	恩平市	43 773	44 248	58 383	134 264	347 059	114 635	1 075 408	106 494	14 091	134 744	61 465	2 134 565	1 269.18
	台山市	84 832	70 062	88 033	248 707	633 974	231 322	3 135 018	165 506	26 090	255 512	119 285	5 058 341	1 665.77
	新会市	48 106	26 040	84 768	101 293	236 304	109 139	2 541 925	65 214	11 390	102 181	51 091	3 377 450	2 117.61
揭阳市	惠来县	45 236	27 881	−560	91 235	198 781	71 876	897 660	52 311	10 645	80 648	37 437	1 513 149	1 204.97
茂名市	电白区	68 276	46 633	27 255	136 554	300 180	104 418	1 204 796	101 950	16 060	122 178	57 115	2 185 416	1 022.41
汕头市	潮南区	17 932	13 195	37 542	37 697	85 966	34 896	598 522	26 863	4 308	36 234	17 510	910 665	1 517.63
	潮阳区	39 287	25 725	115 569	79 181	179 432	85 403	1 930 008	51 583	9 026	80 697	40 714	2 636 625	2 075.63
	澄海区	15 253	4 008	16 992	17 294	25 450	19 566	701 248	7 227	2 407	15 063	8 665	833 173	2 102.95
	濠江区	4 607	3 697	25 988	11 930	29 538	15 315	356 598	7 108	1 246	14 985	7 790	478 802	2 717.53
	金平区	3 383	1 122	38 062	4 668	10 493	12 780	544 358	3 138	528	7 791	5 013	631 335	4 398.95
	龙湖区	1 429	174	4 434	1 242	1 435	2 327	110 230	407	186	1 251	854	123 968	1 990.24
	南澳县	1 871	3 193	3 822	10 783	30 730	9 883	59 012	7 328	1 011	12 447	5 656	145 737	1 397.60
汕尾市	海丰县	51 299	44 569	20 474	154 562	389 754	134 017	1 312 460	91 319	16 193	156 736	71 767	2 443 151	1 395.05
	陆丰市	56 792	43 850	22 596	148 757	350 186	127 416	1 225 796	68 658	16 077	154 839	72 700	2 287 667	1 355.88
	城区	10 833	9 790	7 177	34 063	83 066	30 122	231 730	8 696	3 508	35 740	16 351	471 076	1 358.42

地市	县区	食物生产/万元	原料生产/万元	水资源供给/万元	气体调节/万元	气候调节/万元	净化环境/万元	水文调节/万元	土壤保持/万元	维持养分循环/万元	维持生物多样性/万元	提供美学景观/万元	价值合计/万元	单位面积价值/（万元/km^2）
深圳市	宝安区	6 028	7 480	22 580	23 486	65 155	23 475	315 297	19 461	2 321	25 686	11 980	522 949	666.56
	南山区	1 583	1 854	4 696	5 629	15 250	5 335	64 314	4 705	569	6 003	2 784	112 723	673.36
	福田区	380	566	2 730	1 898	5 562	2 186	37 163	1 582	177	2 249	1 074	55 569	771.80
	龙岗区	9 509	14 688	17 851	47 985	136 828	43 030	300 310	38 001	4 597	52 022	23 299	688 120	960.39
	盐田区	816	1 678	2 796	5 537	16 419	5 186	36 829	4 433	509	6 226	2 787	83 217	1 218.34
阳江市	江城区	14 695	6 592	24 998	26 127	54 867	29 209	745 503	16 616	3 087	29 762	15 846	967 302	1 970.00
	阳东区	52 242	47 656	18 465	154 528	391 713	127 431	1 069 825	111 314	16 364	153 014	69 442	2 211 994	1 170.29
	阳西县	42 428	27 974	–42 658	106 155	255 165	84 208	857 887	69 228	11 698	99 073	45 009	1 556 167	1 144.32
湛江市	赤坎区	963	524	5 887	1 237	2 365	1 975	73 917	1 111	159	1 320	786	90 242	1 540.78
	雷州市	113 604	82 446	77 364	235 928	531 440	183 610	2 134 797	184 970	27 435	211 886	98 585	3 882 065	1 123.04
	廉江市	91 611	59 820	35 413	184 074	405 244	146 639	1 917 158	130 497	21 545	168 315	79 503	3 239 818	1 181.23
	麻章区	23 656	14 484	47 358	37 024	71 309	33 455	699 637	30 780	4 666	36 780	19 155	1 018 303	1 410.94
	坡头区	17 206	9 232	53 809	21 536	36 413	23 328	722 874	18 045	2 909	19 502	10 881	935 735	1 930.11
	遂溪县	69 874	46 425	20 547	119 202	240 636	77 902	696 867	95 390	14 865	92 410	42 155	1 516 271	756.64
	吴川市	32 693	13 701	–16 061	46 514	81 987	33 552	640 397	28 335	6 117	36 062	17 703	921 000	1 084.90
	霞山区	1 986	1 201	3 008	2 788	5 004	2 130	41 694	2 244	369	2 091	1 030	63 544	673.21
	徐闻县	56 052	45 287	63 443	123 813	287 285	97 648	1 054 341	101 788	14 154	113 102	52 322	2 009 235	1 146.23
中山市	中山市	46 191	16 753	111 006	73 337	152 140	93 445	2 977 534	42 221	8 862	73 438	39 821	3 634 748	2 151.89
珠海市	斗门区	23 339	8 943	78 686	35 508	72 843	49 107	1 657 401	21 946	4 323	37 036	20 653	2 009 785	2 731.32
	金湾区	8 675	6 347	57 547	19 194	47 672	27 204	778 440	15 487	2 072	22 823	12 191	997 651	2 446.00
	香洲区	6 528	8 342	21 052	27 616	77 116	27 349	335 072	21 478	2 691	30 807	14 325	572 376	1 260.61
总计	总计	1 385 682	1 012 128	1 513 826	3 293 343	7 845 777	2 952 922	43 468 345	2 266 798	364 689	3 227 883	1 527 680	68 859 073	1 414.40

表 5-10　广东省海岸带各类陆地生态系统提供的生态服务价值

生态系统	面积/km^2	生态系统服务价值总量/万元	价值构成/%
农田	16 668.92	3 441 331	5.00
森林	19 564.85	25 619 362	37.21
草地	1 886.34	2 521 485	3.66
湿地	373.89	1 233 037	1.79
裸地	106.77	618	0.00
水域	3 411.05	36 043 239	52.34
合计	42 011.819 7	68 859 073	100.00

表 5-11　广东省海岸带陆地生态系统不同生态系统服务类型的生态服务价值

一级类型	二级类型	生态服务价值/万元	价值构成/%
供给服务	食物生产	1 385 682	2.01
	原料生产	1 012 128	1.47
	水资源供给	1 513 826	2.20
调节服务	气体调节	3 293 343	4.78
	气候调节	7 845 777	11.39
	净化环境	2 952 922	4.29
	水文调节	43 468 345	63.14
支持服务	土壤保持	2 266 798	3.29
	维持养分循环	364 689	0.53
	维持生物多样性	3 227 883	4.69
文化服务	提供美学景观	1 527 680	2.22
合计		68 859 073	100.00

计算结果显示，广东省海岸带陆地生态系统的总服务价值量为 6 885.907 3 亿元。就生态系统而言，水域的总服务价值最高，为 3 604.323 9 亿元，占总价值的 52.34%；其次是森林和农田，分别占总价值的 37.21%和 5.00%；草地和湿地服务价值较少，分别占总价值的 3.66%和 1.79%；裸地提供的服务价值最低。

就生态系统服务类别而言，调节服务价值最高，水文调节服务价值位列第一，达 4 346.834 5 亿元，占总价值的 63.14%；气候调节服务价值位列第二，达 783.58 亿元，占总价值的 11.39%；位列第三的是气体调节和净化环境，共占总服务价值的 9.07%；其他各项共占总服务价值的 16.4%。

就沿海各县（市、区）分布而言，陆地生态系统服务单位面积价值最高的地区为汕头市金平区，达 4 398.95 万元/km^2；其次为南沙区、斗门区、濠江区、金湾区、中山市、新会市、番禺区、澄海区、潮阳区等，均达到 2 000 万元/km^2 以上；龙岗区、福田区、南山区、遂溪县、霞山区、宝安区等区最小，均小于 1 000 万元/km^2，其他沿海县（市、区）均处于 1 000 万～2 000 万元/km^2。就陆地生态系统服务价值总量而言，台山市陆地生态系统服务价值最大，达 505.83 亿元，其次是惠东县，达 427.39 亿元；雷州市、东莞市、中山市、新会市、廉江市等市陆地生态系统服务价值量均处于 300 亿～400 亿元；赤坎区、盐田区、霞山区、福田区等区陆地生态系统服务价值量最小，小于 10 亿元；其他沿海县（市、区）处于 10 亿～300 亿元。

结合广东省海岸带"三区"空间格局，核算出广东省沿海各县（市、区）"三区"生态系统服务价值量，如表 5-12 所示。

表 5-12 广东省沿海县（市、区）"三区"生态系统服务价值

地市	县区	生态空间		农业空间		城镇空间		合计/万元
		价值量/万元	占比/%	价值量/万元	占比/%	价值量/万元	占比/%	
潮州市	饶平县	1 695 066	68.28	294 111	11.85	493 235	19.87	2 482 411
东莞市	东莞市	2 141 355	67.98	268 719	8.53	740 080	23.49	3 150 155
广州市	番禺区	471 064	62.88	69 714	9.31	208 416	27.82	749 194
	黄埔区	287 798	65.68	21 781	4.97	128 623	29.35	438 203
	南沙区	839 760	62.78	155 067	11.59	342 711	25.62	1 337 538
惠州市	惠东县	3 611 828	85.29	521 286	12.31	101 644	2.40	4 234 757
	惠阳区	675 321	63.96	266 413	25.23	114 084	10.81	1 055 819
恩平市	恩平市	999 184	47.13	1 023 498	48.28	97 167	4.58	2 119 850
	台山市	1 626 441	32.64	3 090 403	62.02	265 685	5.33	4 982 529
	新会市	850 893	34.51	1 264 382	51.29	350 077	14.20	2 465 352
揭阳市	惠来县	474 548	32.63	680 822	46.81	299 111	20.56	1 454 481
茂名市	电白区	625 487	29.12	1 231 109	57.31	291 700	13.58	2 148 296
汕头市	潮南区	310 060	34.37	431 868	47.88	160 085	17.75	902 014
	潮阳区	674 487	27.14	1 333 196	53.64	477 572	19.22	2 485 255
	澄海区	169 031	22.06	397 548	51.89	199 554	26.05	766 132
	濠江区	106 114	32.01	56 282	16.98	169 126	51.02	331 522
	金平区	290 620	83.26	322	0.09	58 130	16.65	349 072
	龙湖区	4 157	6.67	0.00	0.00	58 199	93.33	62 355
	南澳县	112 053	79.89	5 456	3.89	22 754	16.22	140 263

地市	县区	生态空间		农业空间		城镇空间		合计/万元
		价值量/万元	占比/%	价值量/万元	占比/%	价值量/万元	占比/%	
汕尾市	海丰县	750 592	31.17	1 546 925	64.24	110 360	4.58	2 407 877
	陆丰市	446 463	20.92	1 603 473	75.12	84 650	3.97	2 134 586
	城区	291 191	63.53	28 896	6.30	138 262	30.17	458 349
深圳市	宝安区	430 035	82.32	21 846	4.18	70 517	13.50	522 397
	南山区	84 424	77.20	0.00	0.00	24 928	22.80	109 352
	福田区	50 146	62.64	0.00	0.00	29 914	37.36	80 059
	龙岗区	599 238	87.54	28 892	4.22	56 363	8.23	684 493
	盐田区	72 333	86.95	0.00	0.00	10 855	13.05	83 187
阳江市	江城区	120 689	15.09	309 354	38.68	369 778	46.23	799 821
	阳东区	719 922	33.64	1 359 128	63.51	60 911	2.85	2 139 961
	阳西县	360 636	23.85	1 052 343	69.61	98 814	6.54	1 511 793
湛江市	赤坎区	11	0.01	4 609	5.14	85 003	94.84	89 623
	雷州市	2 657 538	72.80	793 333	21.73	199 533	5.47	3 650 404
	廉江市	2 541 398	81.35	563 264	18.03	19 293	0.62	3 123 956
	麻章区	326 442	37.44	296 212	33.97	249 339	28.59	871 993
	坡头区	324 301	49.80	203 826	31.30	123 065	18.90	651 192
	遂溪县	959 065	64.84	437 646	29.59	82 329	5.57	1 479 040
	吴川市	523 868	66.52	203 337	25.82	60 305	7.66	787 509
	霞山区	14 553	24.56	10 577	17.85	34 137	57.60	59 267
	徐闻县	1 374 883	70.81	455 712	23.47	111 168	5.73	1 941 762
中山市	中山市	2 378 532	66.30	619 373	17.27	589 501	16.43	3 587 406
珠海市	斗门区	981 135	69.38	86 395	6.11	346 692	24.51	1 414 223
	金湾区	570 982	59.23	118 338	12.28	274 617	28.49	963 938
	香洲区	347 947	71.43	14 365	2.95	124 832	25.63	487 144
总计	总计	32 891 589	53.31	20 869 822	33.83	7 933 119	12.86	61 694 530

5.1.2.2 滨海湿地生态系统服务价值

（1）海岸带滨海湿地土地利用类型遥感解译

本书确定的滨海湿地解译范围为大陆岸线与−6 m 等深线之间的水域及浸淹或浸湿地带。其中，海岸线数据为 2008 年广东、广西和海南公布的海岸线，等深线数据来源于电子海图数字化处理后获得的矢量数据。收集覆盖广东滨海湿地 2018—2019 年“资源一号 02C”“资源三号/02”“高分一号/B/C/D”等影像数据。对数据进行大气校正、几何校正、融合、镶嵌、匀色处理。另外，还使用“谷歌地球”平台的高空间分辨率影像数据作为辅助数据进行调查和分析。参考 GB/T 24708 的分类系统，确定遥感调查的滨海湿地类型，包括潮间盐水沼泽、河口三角洲/沙洲/沙岛、河口水域、红树林、浅海水域、砂石海滩、岩石海岸和淤泥质海滩等类型（表 5-13）。

表 5-13 广东省海岸带土地利用类型分布情况表（滨海湿地） 单位：km^2

地市	县区	潮间盐水沼泽	河口三角洲/沙洲/沙岛	河口水域	红树林	浅海水域	砂石海滩	岩石海岸	淤泥质海滩	总计
潮州市	饶平县	0.00	0.69	0.00	0.00	49.57	1.97	0.00	6.09	58.32
东莞市	东莞市	0.00	0.00	40.00	0.11	39.94	0.00	0.00	2.28	82.33
广州市	番禺区	0.00	0.00	34.69	0.19	0.00	0.00	0.00	0.00	303.73
	黄埔区	0.00	0.00	11.49	0.09	0.00	0.00	0.00	0.00	
	南沙区	0.00	0.88	29.35	1	224.43	0.00	0.00	1.60	
惠州市	惠东县	0.00	0.04	2.27	0.62	180.89	1.05	0.00	0.00	292.03
	惠阳区	0.00	0.00	0.00	0.08	106.87	0.23	0.00	0.00	
恩平市	恩平市	0.00	0.16	0.24	3.16	75.78	0.62	0.04	0.00	950.50
	台山市	0.00	0.26	32.81	4.51	787.87	0.33	0.03	0.42	
	新会市	0.00	2.95	38.55	1.71	0.00	0.00	0.00	1.06	
揭阳市	惠来县	0.00	0.35	0.00	0.12	94.85	3.92	0.00	0.00	99.24
茂名市	电白区	0.00	0.30	23.6	2.6	212.18	2.00	0.00	24.47	265.14
汕头市	潮南区	0.00	0.00	0.00	0.00	37.20	1.02	0.00	0.00	549.80
	潮阳区	0.00	0.00	0.00	0.00	16.40	0.13	0.00	6.62	
	澄海区	0.04	2.59	1.47	0.86	68.12	0.67	0.00	2.39	
	濠江区	0.13	0.18	0.00	0.04	73.16	0.66	0.00	0.60	
	金平区	0.00	0.00	0.00	0.00	15.88	0.00	0.00	15.82	
	龙湖区	0.00	0.00	3.54	0.00	38.65	0.00	0.00	0.00	
	南澳县	0.00	0.00	0.00	0.00	263.62	0.00	0.00	0.00	

地市	县区	潮间盐水沼泽	河口三角洲/沙洲/沙岛	河口水域	红树林	浅海水域	砂石海滩	岩石海岸	淤泥质海滩	总计
汕尾市	海丰县	0.07	0.12	11.47	0.01	171.81	3.55	0.00	1.78	478.69
	陆丰市	0.03	0.00	1.21	0.00	120.39	2.46	0.00	0.00	
	城区	0.00	0.00	0.00	0.00	163.95	1.83	0.00	0.00	
深圳市	宝安区	0.00	0.00	0.00	0.00	187.94	0.00	0.00	0.79	528.79
	福田区	0.00	0.00	0.00	0.76	254.96	0.00	0.00	1.50	
	龙岗区	0.00	0.00	0.00	0.05	73.93	0.66	0.00	0.00	
	盐田区	0.00	0.00	0.00	0.00	8.05	0.16	0.00	0.00	
阳江市	江城区	0.00	0.00	9.03	4.07	216.77	0.26	0.00	0.12	587.81
	阳东区	0.00	0.00	2.76	0.61	139.67	0.88	0.00	0.05	
	阳西县	0.06	0.52	10.96	4.59	193.51	3.57	0.04	0.34	
湛江市	赤坎区	0.00	0.05	0.00	0.00	0.00	0.08	0.00	0.00	3 445.44
	雷州市	0.68	0.14	0.00	12.04	837.01	5.17	0.00	40.48	
	廉江市	0.00	0.47	4.03	12.19	74.40	0.01	0.00	0.07	
	麻章区	0.57	0.13	0.00	10.84	450.94	4.23	0.00	18.85	
	坡头区	0.38	0.32	1.23	3.49	278.86	3.71	0.00	7.64	
	遂溪县	0.00	0.24	0.22	3.96	577.00	2.54	0.00	0.07	
	吴川市	0.00	2.01	0.00	1.05	191.95	3.71	0.00	0.87	
	霞山区	0.11	0.00	0.00	0.31	0.00	0.16	0.00	0.00	
	徐闻县	0.05	0.44	0.09	7.76	835.77	9.99	0.00	39.14	
中山市	中山市	0.00	0.01	0.00	1.05	84.56	0.00	0.00	0.00	85.62
珠海市	斗门区	0.00	0.00	0.00	0.00	128.66	0.00	0.00	0.00	1 292.19
	金湾区	0.00	0.02	0.83	2.62	485.58	0.62	0.00	0.20	
	香洲区	0.12	0.00	2.79	4.05	663.71	0.28	0.00	2.69	
总计	总计	2.25	12.89	262.64	84.54	8 424.82	56.46	0.12	175.93	9 019.64

（2）海岸带滨海生态系统服务总价值核算

1）供给服务价值评估

① 食物生产。

根据《广东农村统计年鉴 2019》，广东省海水养殖产量合计 3 167 259 t，其中鱼类

594 793 t、甲壳类 582 121 t、贝类 1 894 519 t、藻类 71 691 t、其他 24 135 t，其中代表性的品种为“三鱼”（海鲈、石斑鱼、黄鳍鲷）、“三贝”（牡蛎、蛤、扇贝）、“两虾”（南美白对虾、斑节对虾）、“一蟹”（青蟹）、“一藻”（江蓠）。按养殖水域分，海上养殖产量 1 189 355 t、滩涂养殖产量 1 267 551 t、其他产量 710 353 t。广东省海洋捕捞总量为 1 334 961 t（包括远洋捕捞，其中近海捕捞约占捕捞总产量 92.82%），其中鱼类 971 668 t、甲壳类 211 592 t、贝类 44 346 t、藻类 6 083 t、头足类 62 373 t、其他 38 899 t。2018 年广东省海水养殖总产值 613.57 亿元，近海捕捞总产值约 137.11 亿元。根据姜启军等[204]的研究，海水养殖成本约 2 398.16 元/亩，广东省 2018 年海水养殖总面积 165.61×10^3 hm^2，总成本计算为 59.57 亿元。广东省海洋捕捞最主要的渔具为拖网，按拖网的平均综合利润率为 40.7%[205]计算捕捞成本，约 97.93 亿元。综上，2018 年广东省海水养殖与近海捕捞食物生产价值＝613.57 亿元–2 398.16 元/亩×165 610 hm^2×15+137.11 亿元×40.7%＝593.18 亿元。

② 原料生产。

根据广东省海洋产业发展的实际状况以及《广东海洋经济发展报告（2019）》，广东省海洋生态系统服务的原料生产服务主要包括四个方面：① 海盐生产，2019 年广东省海盐业增加值 0.02 亿元。② 海洋生物医药，2019 年海洋生物医药增加值 3 亿元。③ 海洋电力，广东省海洋电力主要包括风能发电和波浪能发电，2019 年全省海洋电力业增加值 20 亿元。④ 水资源供给，2019 年海水利用业增加值 3 亿元。根据市场价值法，综合海盐生产、生物医药、海洋电力、水资源供给四个方面增加值，可计算出 2019 年广东省海洋生态系统原料生产服务价值＝0.02 亿元+3 亿元+20 亿元+3 亿元＝26.02 亿元。

2）调节服务价值评估

① 气候调节。

浮游植物初级生产对气候调节功能的贡献率占主导地位，因此本书主要考虑广东省海岸带海域浮游植物的固碳价值。广东省近海海域年平均初级生产力（以 C 计）采用李小斌等[206]的研究数据，即平均 230 g/（m^2·a）；根据沈金生等[207]的研究，海洋牧场蓝色碳汇交易价格为 253 元/t，广东省海岸带海域面积为 6.47 万 km^2，可得广东省海岸带海域每年固碳 0.545 7 亿 t，其产生的气候调节服务年价值为 138 亿元。

204 姜启军，赵文武. 我国水产养殖不同品种要素投入产出分析[J]. 中国渔业经济，2018，36（6）：90-96.
205 冯森. 福建省海洋捕捞业经济效益分析[J]. 福建水产，2003，4：12-16.
206 李小斌，陈楚群，施平. 南海 1998—2002 年初级生产力的遥感估算及其时空演化机制[J]. 热带海洋学报，2006，25（3）：57-62.
207 沈金生，梁瑞芳. 海洋牧场蓝色碳汇定价研究[J]. 资源科学，2018，40（9）：1812-1821.

② 气体调节。

广东省近海海洋生态系统的气体调节服务主要来自海洋生物释放的有益气体 O_2，其价值可以基于海域初级生产力，采用工业制氧成本（多采用 400 元/t）来计算。根据光合作用原理，海洋生物每固定 1 g 碳，可释放 2.67 g O_2。广东省海岸带海域每年固碳 0.545 7 亿 t，因此，每年释放的 O_2 量为 0.396 9 亿 t，产生的气体调节服务年价值为 158.75 亿元。

③ 净化环境。

根据《2017 年广东省海洋环境状况公报》，2013—2017 年广东省近岸海域水质总体保持优良，优良水质面积比例平均值为 84.6%，主要超标因子为总磷、化学需氧量（COD）、氨氮、五日生化需氧量。2017 年珠江、榕江、练江、深圳河、黄冈河等河流携带污染物入海总量为 347.61 万 t，其中化学需氧量 287.45 万 t、氨氮（以氮计）3.93 万 t、硝酸盐氮（以氮计）48.53 万 t、亚硝酸盐氮（以氮计）2.46 万 t、总磷（以磷计）4.51 万 t、石油类 0.38 万 t。按这些主要入海污染物均被去除来估算，根据相关研究，我国生活污水处理成本氮为 1 500 元/t、磷为 2 500 元/t；对 COD 和石油烃去除价值的计算，可参考国家海域使用金标准制定过程中所应用的数据，COD 去除成本约为 4 300 元/t；根据国务院制定的《排污费征收标准管理办法》，石油类去除成本为 7 000 元/t。采用污染防治成本法，可得出广东省近海生态系统对氮、磷、COD 和石油烃的固定年均价值分别为 8.24 亿元、1.13 亿元、123.6 亿元和 0.27 亿元，合计 133.24 亿元。

④ 消浪护岸。

根据高崟等[202]的研究成果，滨海湿地主要有潮下水生层、岩石海岸、沙石海滩、淤泥质海滩、潮间盐水沼泽、红树林、三角洲/沙洲/沙岛等类型具有消浪护岸的功能，单位面积价值量为 170.01 万元/（$km^2 \cdot a$）。根据广东省滨海湿地遥感调查成果，广东省岩石海岸、沙石海滩、淤泥质海滩、潮间盐水沼泽、红树林、三角洲/沙洲/沙岛的面积合计为 332.18 km^2，则广东省滨海湿地消浪护岸价值为 5.65 亿元。

⑤ 水源涵养。

根据广东省滨海湿地遥感调查成果，潮间盐水沼泽、红树林、淤泥质海滩面积合计为 26 271.6 hm^2，广东省多年均降水总量取 1 800 mm[208]；广东省产流降水量占降水总量的比例取 0.6[208]；湿地与裸地（或皆伐迹地）比较，生态系统减少径流的效益系数，根据已有的实测和研究成果[209]，湿地 R 值取 0.10；C_R 为我国水库蓄水成本（元/m^3），取 15.29 元/m^3[210]。因此广东省海岸带滨海湿地水源涵养服务价值 = 26 271.6 hm^2 × 1 800 mm × 0.6 × 0.10 × 15.29 元/m^3 = 4.34 亿元。

208 赵同谦，欧阳志云，郑华，等. 中国森林生态系统服务功能及其评价[J]. 自然资源学报，2004，19（4）：480-491.
209 张海波. 南方丘陵山地带水源涵养与土壤保持功能变化及其区域生态环境响应[D]. 长沙：湖南师范大学，2014.
210 李楠，李龙伟，张银龙，等. 杭州湾滨海湿地生态系统服务价值变化[J]. 浙江农林大学学报，2019，36（1）：118-129.

3）支持服务价值评估

土壤保持。根据我国土壤侵蚀的研究成果，无林地的土壤中等程度的侵蚀深度为 15～35 mm/a、侵蚀模数为 150～350 m^3/（hm^2·a），以无林地土壤中等程度的侵蚀模数 200 m^3/（hm^2·a）作为湿地植被减少土壤侵蚀的模数。减少土壤侵蚀总量 = 减少土壤侵蚀模数×有林地面积。广东省沿海红树林和盐水沼泽面积合计为 8 678.52 hm^2，则减少土壤侵蚀量为 200 m^3/（hm^2·a）×8 678.52 hm^2 = 173.57 万 m^3/a。全国土地耕作层的平均厚度为 0.6 m，林地单位面积生产年平均效益为 282.17 元/hm^2，计算得到广东省沿海红树林湿地减少土壤侵蚀的价值为 173.57×10^4 m^3÷0.6 m×282.17×10^{-4} 元/m^2 = 8.16 万元。

红树林保护土壤养分价值的计算按他年保护表土（0～30 cm）和林地年积累表土估算均值 1 cm 的氮、磷、钾总量之和乘以化肥替代价格来计算。根据陈粤超等[211]对湛江市红树林的研究，土壤中全氮平均含量为 1 133.6 mg/kg、全磷含量为 390.7 mg/kg、全钾含量 3 295 mg/kg，表土密度按 0.77 g/cm^3 计算。假定侵蚀土壤中氮、磷、钾元素只来源于人们施用的化肥，其中，磷酸氢二铵的磷含量为 15.01%、氮含量为 14%，氯化钾的钾含量为 50%。由于施用氮肥的同时也施用了磷肥，参考森林生态系统服务功能评估规范，磷酸氢二铵和氯化钾的价格分别为 2 400 元/t 和 2 200 元/t。根据广东省滨海湿地遥感调查成果，广东省沿海红树林面积为 8 678.52 hm^2，则广东省沿海红树林维持土壤养分的价值估算为 7.03 亿元。

综上，广东省红树林湿地土壤保持价值为 7.03 亿元。

4）文化服务价值评估

广东省滨海旅游资源数量众多、种类齐全，海岸线曲折，形成大小海湾、港湾 510 个、海岛 750 余个，还有丰富的红树林资源和珊瑚礁资源，其中大角湾、青澳湾、巽寮湾三湾达到 A 级标准，阳江大角湾是国家 AAAA 级旅游区。根据《2018 年广东海洋经济发展报告》，2018 年广东省滨海旅游业增加值 3 283 亿元。

（3）海岸带滨海生态系统服务单位面积价值量核算

结合广东省滨海生态系统服务供给矩阵表，各生态系统面积以及广东省滨海生态系统各服务价值总量，计算广东省海岸带滨海生态系统服务单位面积价值量，如表 5-14 和表 5-15 所示。

---

211 陈粤超，王占印，许方宏，等. 不同类型的红树林土壤养分和生态化学计量特征比较[J]. 桉树科技，2016，33（1）：32-37.

表5-14　广东省滨海不同生态系统服务类别的生态服务价值

生态系统服务类别	生态系统服务	单位面积价值量/［万元/（km²·a）］	总价值量/亿元	价值构成/%	面积/km²
供给服务	食物生产	91.31	593.18	13.64	64 962.72
	原料生产	4.02	26.02	0.60	64 702.25
调节服务	气候调节	21.33	138.00	3.17	64 700.00
	气体调节	24.54	158.75	3.65	64 700.00
	净化环境	20.43	133.24	3.06	65 225.35
	消浪护岸	170.09	5.65	0.13	332.18
	水源涵养	165.20	4.34	0.10	262.72
支持服务	土壤保持	831.61	7.03	0.16	86.79
文化服务	旅游娱乐服务	502.80	3 283.00	75.48	65 294.81
综合		666.09	4 349.21	100.00	65 294.81

表5-15　广东省滨海各类生态系统提供的生态服务价值

滨海生态系统	单位面积价值量/［万元/（km²·a）］	总价值量/亿元	价值构成/%	面积/km²
浅海水域	664.42	4 298.81	98.84	64 700.00
岩石海岸	672.89	0.01	0.00	0.12
沙石海滩	672.89	3.80	0.09	56.46
淤泥质海滩	949.82	16.71	0.38	175.93
潮间盐水沼泽	1 763.89	0.40	0.01	2.25
红树林	1 759.87	14.88	0.34	84.54
河口水域	523.22	13.74	0.32	262.64
河口三角洲/沙洲/沙岛	672.89	0.87	0.02	12.89
合计	666.09	4 349.21	100.00	65 294.81

计算结果显示，广东省海岸带滨海各种生态系统的总服务价值为 4 349.21 亿元。就生态系统服务类别而言，旅游娱乐服务价值最高，达 3 283.00 亿元，占滨海生态系统总服务价值的 75.48%；其次是食物生产价值，达 593.18 亿元，占滨海生态系统总服务价值的 13.64%；气候调节、气体调节、净化环境、消浪护岸和水源涵养调节服务价值共计达到 439.98 亿元，占滨海生态系统总服务价值的 10.12%；土壤保持价值仅占到 0.16%。

就生态系统而言，海域的总服务价值最高，达 4 298.81 亿元，占滨海生态系统总服务价值的 98.84%；其次是淤泥质海滩，16.71 亿元，占滨海生态系统总服务价值的 0.38%；红树林和河口水域分别占滨海生态系统总服务价值的 0.34%和 0.32%。

结合广东省海岸带滨海生态系统服务功能单位面积价值量，以及沿海各县（市、区）各类滨海生态系统面积，核算沿海各县（市、区）滨海生态系统服务价值，如表 5-16 所示。由于海域面积并未划分至沿海各县（市、区），核算各县（市、区）滨海生态系统服务价值时，海域面积仅考虑滨海湿地中的浅海水域部分。

表 5-16 广东省沿海各县（市、区）滨海生态系统服务价值核算结果

地市	县区	食物生产/万元	原料生产/万元	气候调节/万元	气体调节/万元	净化环境/万元	消浪护岸/万元	水源涵养/万元	土壤保持/万元	旅游娱乐服务/万元	合计/万元	单位面积价值/（万元/km^2）
潮州市	饶平县	5 082	199	1 057	1 217	1 137	1 488	1 006	0	29 324	40 511	694.60
东莞市	东莞市	3 865	161	852	980	1 682	407	395	91	41 395	49 828	605.23
广州市	番禺区	17	0	0	0	713	32	31	158	17 540	18 491	530.07
	黄埔区	8	0	0	0	237	16	15	76	5 825	6 177	533.17
	南沙区	20 730	902	4 787	5 507	5 238	593	430	833	129 352	168 373	654.48
惠州市	惠东县	16 573	727	3 858	4 439	3 754	290	102	513	92 948	123 204	666.47
	惠阳区	9 765	430	2 279	2 623	2 185	52	13	67	53 887	71 301	665.28
恩平市	恩平市	7 208	305	1 616	1 860	1 618	677	522	2 627	40 223	56 654	708.20
	台山市	72 390	3 167	16 805	19 334	16 867	944	814	3 749	415 430	549 501	665.07
	新会市	253	0	0	0	844	972	458	1 421	22 260	26 209	591.99
揭阳市	惠来县	8 672	381	2 023	2 328	1 940	747	20	102	49 896	66 109	666.18
茂名市	电白区	21 846	853	4 526	5 207	5 370	4 994	4 472	2 165	133 311	182 744	689.24
汕头市	潮南区	3 397	150	793	913	760	174	0	0	19 219	25 405	664.66
	潮阳区	2 102	66	350	402	470	1 148	1 094	0	11 638	17 269	746.10
	澄海区	6 521	274	1 453	1 672	1 489	1 115	545	751	38 286	52 105	684.28
	濠江区	6 751	295	1 561	1 795	1 510	275	127	142	37 599	50 055	669.37
	金平区	2 894	64	339	390	648	2 690	2 613	0	15 939	25 576	806.82
	龙湖区	3 529	155	824	948	862	0	0	0	21 212	27 531	652.58
	南澳县	24 071	1 060	5 623	6 469	5 386	0	0	0	132 548	175 157	664.43
汕尾市	海丰县	15 858	691	3 665	4 216	3 783	942	308	72	94 936	124 470	659.21
	陆丰市	10 995	484	2 568	2 954	2 485	423	5	24	62 391	82 329	663.48
	城区	14 971	659	3 497	4 023	3 350	312	0	0	83 358	110 170	664.52
深圳市	宝安区	17 233	756	4 009	4 612	3 856	134	131	0	94 892	125 621	665.63
	福田区	23 486	1 025	5 438	6 257	5 255	384	373	631	129 328	172 177	669.39
	龙岗区	6 755	297	1 577	1 814	1 511	121	8	38	37 530	49 651	665.20
	盐田区	735	32	172	198	164	27	0	0	4 127	5 455	664.59

地市	县区	食物生产/万元	原料生产/万元	气候调节/万元	气体调节/万元	净化环境/万元	消浪护岸/万元	水源涵养/万元	土壤保持/万元	旅游娱乐服务/万元	合计/万元	单位面积价值/（万元/km²）
阳江市	江城区	20 176	871	4 624	5 320	4 699	756	692	3 382	115 770	156 288	678.78
	阳东区	12 814	561	2 979	3 428	2 924	262	109	509	72 392	95 977	666.61
	阳西县	18 125	778	4 128	4 749	4 279	1 551	824	3 866	107 390	145 690	682.12
湛江市	赤坎区	0	0	0	0	0	22	0	0	64	85	672.89
	雷州市	81 286	3 368	17 853	20 540	18 187	9 953	8 790	10 583	450 270	620 830	693.26
	廉江市	7 914	299	1 587	1 826	1 853	2 167	2 026	10 135	45 843	73 649	807.78
	麻章区	43 938	1 815	9 619	11 066	9 831	5 888	4 998	9 489	244 141	340 786	701.84
	坡头区	26 514	1 123	5 948	6 843	5 957	2 642	1 901	3 218	148 642	202 788	685.96
	遂溪县	53 053	2 320	12 307	14 159	11 875	1 158	665	3 290	293 644	392 471	672.02
	吴川市	17 702	772	4 094	4 710	3 961	1 299	316	872	100 353	134 080	671.78
	霞山区	38	0	0	0	9	98	69	348	289	851	1 480.37
	徐闻县	80 601	3 360	17 827	20 510	18 036	9 760	7 756	6 494	449 124	613 468	686.79
中山市	中山市	7 817	340	1 804	2 075	1 749	180	173	871	43 047	58 056	678.10
珠海市	斗门区	11 748	517	2 744	3 157	2 629	0	0	0	64 691	85 486	664.43
	金湾区	44 596	1 952	10 357	11 916	9 995	590	466	2 183	246 312	328 368	670.30
	香洲区	61 230	2 669	14 157	16 287	13 757	1 215	1 135	3 472	338 709	452 631	671.91
总计		793 259	33 877	179 701	206 745	182 852	56 500	43 401	72 171	4 535 073	6 103 579	676.70

就沿海各县（市、区）分布而言，滨海生态系统服务单位面积价值最高的地区为霞山区，达 1 480.37 万元/km²；其次为廉江市、金平区、潮阳区、恩平市、麻章区等，均达 700 万元/km² 以上；新会市、黄埔区、番禺区等市、区最小，均小于 600 万元/km²，其他沿海县（市、区）均处于 600 万～700 万元/km²。就滨海生态系统服务价值总量而言，雷州市、徐闻县滨海生态系统服务价值最大，分别达 62.08 亿元、61.35 亿元，其次是台山市、香洲区，分别达 54.95 亿元、45.26 亿元；遂溪县、麻章区、金湾区、坡头区、电白区、南澳县、福田区、南沙区、江城区、阳西县、吴川市、宝安区、海丰县、惠东县、城区等县（市、区）滨海生态系统服务价值量均处于 11 亿～40 亿元；黄埔区、盐田区、霞山区、赤坎区等区滨海生态系统服务价值量最小，小于 1 亿元；其他沿海县（市、区）处于 1 亿～10 亿元。

结合广东省海岸带滨海湿地海洋生态保护红线划定情况，核算出广东省沿海各县（市、区）分区滨海生态系统服务价值量，如表 5-17 所示。

表 5-17 广东省沿海各县（市、区）分区滨海生态系统服务价值核算结果

地市	县区	海洋生态保护红线区域				非海洋生态保护红线区域		合计/万元
		限制类		禁止类				
		价值量/万元	占比/%	价值量/万元	占比/%	价值量/万元	占比/%	
潮州市	饶平县	30 079	74.25	0	0.00	10 432	25.75	40 510
东莞市	东莞市	24 406	48.98	1 286	2.58	24 134	48.44	49 826
广州市	番禺区	15 862	85.81	0	0.00	2 624	14.19	18 486
	黄埔区	561	9.09	0	0.00	5 614	90.91	6 175
	南沙区	104 060	61.81	0	0.00	64 299	38.19	168 359
惠州市	惠东县	75 228	61.07	9 311	7.56	38 651	31.38	123 189
	惠阳区	17 965	25.20	3 011	4.22	50 323	70.58	71 299
恩平市	恩平市	35 622	62.95	0	0.00	20 963	37.05	56 585
	台山市	211 646	38.52	3 572	0.65	334 193	60.83	549 411
	新会市	90	0.34	0	0.00	26 081	99.65	26 172
揭阳市	惠来县	25 089	37.95	474	0.72	40 543	61.33	66 106
茂名市	电白区	58 742	32.15	0	0.00	123 943	67.85	182 685
汕头市	潮南区	11 093	43.66	33	0.13	14 279	56.21	25 405
	潮阳区	5 131	29.71	0	0.00	12 138	70.29	17 269
	澄海区	13 791	26.48	3 912	7.51	34 383	66.01	52 086
	濠江区	13 508	26.99	0	0.00	36 543	73.01	50 051
	金平区	25 180	98.45	0	0.00	396	1.55	25 576
	龙湖区	5 293	19.23	0	0.00	22 238	80.77	27 531
	南澳县	35 764	20.42	3 414	1.95	135 978	77.63	175 156
汕尾市	海丰县	33 585	26.98	0	0.00	90 881	73.02	124 466
	陆丰市	18 195	22.10	0	0.00	64 132	77.90	82 328
	城区	28 231	25.63	852	0.77	81 085	73.60	110 169
深圳市	宝安区	26 550	21.14	0	0.00	99 071	78.86	125 621
	福田区	57 787	33.57	49 418	28.71	64 953	37.73	172 158
	龙岗区	20 584	41.46	10 626	21.40	18 439	37.14	49 650
	盐田区	2 291	42.00	0	0.00	3 164	58.00	5 455
阳江市	江城区	42 623	27.29	3 498	2.24	110 078	70.47	156 199
	阳东区	50 272	52.39	0	0.00	45 691	47.61	95 963
	阳西县	56 223	38.62	6 942	4.77	82 423	56.61	145 588

地市	县区	海洋生态保护红线区域				非海洋生态保护红线区域		合计/万元
		限制类		禁止类				
		价值量/万元	占比/%	价值量/万元	占比/%	价值量/万元	占比/%	
湛江市	赤坎区	0	0.00	0	0.00	85	100.00	85
	雷州市	256 510	41.34	43 466	7.00	320 574	51.66	620 550
	廉江市	9 117	12.42	14 762	20.12	49 507	67.46	73 386
	麻章区	76 656	22.51	1 073	0.32	262 799	77.17	340 528
	坡头区	35 642	17.58	16 464	8.12	150 605	74.30	202 711
	遂溪县	44 451	11.33	15 498	3.95	332 433	84.72	392 382
	吴川市	72 198	53.86	0	0.00	61 858	46.14	134 056
	霞山区	385	45.72	0	0.00	457	54.28	842
	徐闻县	172 269	28.09	26 243	4.28	414 779	67.63	613 290
中山市	中山市	26 606	45.85	88	0.15	31 339	54.00	58 033
珠海市	斗门区	12 315	14.40	0	0.00	73 190	85.60	85 505
	金湾区	85 001	25.89	0	0.00	243 303	74.11	328 304
	香洲区	122 327	27.03	90 421	19.98	239 788	52.99	452 536
总计	总计	1 958 928	32.10	304 364	4.99	3 838 389	62.91	6 101 682

5.1.2.3　海岸带地区生态系统服务价值

综合广东省海岸带陆地生态系统服务价值和滨海生态系统服务价值，计算得到 2018 年广东省海岸带生态系统服务功能价值为 11 235.12 亿元。根据沿海各县（市、区）各类陆地生态系统面积和滨海湿地面积核算得到广东省海岸带沿海各县（市、区）生态系统服务价值，如表 5-18 所示。由于海域面积并未划分至沿海各县（市、区），核算各县（市、区）滨海生态系统服务价值时，海域面积仅考虑滨海湿地中的浅海水域部分，则沿海各县（市、区）生态系统服务价值单位面积平均为 1 299.09 万元/km^2。

表 5-18　广东省海岸带沿海各县（市、区）生态系统服务价值核算结果

地市	县区	陆地生态系统服务价值/万元	滨海生态系统服务价值/万元	合计/万元	单位面积价值/（万元/km^2）
潮州市	饶平县	2 502 890	40 511	2 543 401	1 463.10
东莞市	东莞市	3 664 334	49 828	3 714 162	1 481.27
广州市	番禺区	1 078 935	18 491	1 097 425	2 005.52
	黄埔区	540 107	6 177	546 283	1 108.73
	南沙区	1 796 791	168 373	1 965 164	2 151.14

地市	县区	陆地生态系统服务价值/万元	滨海生态系统服务价值/万元	合计/万元	单位面积价值/（万元/km²）
惠州市	惠东县	4 273 903	123 204	4 397 107	1 200.04
	惠阳区	2 682 183	71 301	2 753 485	1 191.47
恩平市	恩平市	2 134 565	56 654	2 191 219	1 243.71
	台山市	5 058 341	549 501	5 607 843	1 451.73
	新会市	3 377 450	26 209	3 403 658	2 076.41
揭阳市	惠来县	1 513 149	66 109	1 579 258	1 165.51
茂名市	电白区	2 185 416	182 744	2 368 159	985.64
汕头市	潮南区	910 665	25 405	936 070	1 466.55
	潮阳区	2 636 625	17 269	2 653 894	2 051.84
	澄海区	833 173	52 105	885 278	1 874.24
	濠江区	478 802	50 055	528 857	2 107.26
	金平区	631 335	25 576	656 911	3 749.09
	龙湖区	123 968	27 531	151 500	1 450.08
	南澳县	145 737	175 157	320 894	872.24
汕尾市	海丰县	2 443 151	124 470	2 567 621	1 323.44
	陆丰市	2 287 667	82 329	2 369 996	1 308.45
	城区	471 076	110 170	581 246	1 133.98
深圳市	宝安区	522 949	125 621	648 570	666.38
	南山区	112 723	169 401	1282 124	667.97
	福田区	55 569	2 776	58 345	785.69
	龙岗区	688 120	49 651	737 771	932.54
	盐田区	83 217	5 455	88 673	1 158.93
阳江市	江城区	967 302	156 288	1 123 590	1 557.80
	阳东区	2 211 994	95 977	2 307 972	1 134.64
	阳西县	1 556 167	145 690	1 701 856	1 081.58
湛江市	赤坎区	90 242	85	90 327	1 538.91
	雷州市	3 882 065	620 830	4 502 895	1 034.61
	廉江市	3 239 818	73 649	3 313 467	1 169.21
	麻章区	1 018 303	340 786	1 359 090	1 125.74
	坡头区	935 735	202 788	1 138 523	1 458.83
	遂溪县	1 516 271	392 471	1 908 742	737.54
	吴川市	921 000	134 080	1 055 079	1 006.26
	霞山区	63 544	851	64 395	678.09
	徐闻县	2 009 235	613 468	2 622 702	991.14
中山市	中山市	3 634 748	58 056	3 692 804	2 080.80
珠海市	斗门区	2 009 785	85 486	2 095 271	2 423.71
	金湾区	997 651	328 368	1 326 019	1 477.04
	香洲区	572 376	452 631	1 025 007	908.94
总计	总计	68 859 073	6 103 579	74 962 653	1 299.09

计算结果显示，就沿海各县（市、区）分布而言，生态系统服务单位面积价值最高的地区为汕头市金平区，达 3 749.09 万元/km^2；其次为斗门区、南沙区、濠江区、中山市、新会市、潮阳区、番禺区等，均达 2 000 万元/km^2 以上；徐闻县、电白区、龙岗区、香洲区、南澳县、遂溪县、福田区、霞山区、南山区、宝安区等区县最小，均小于 1 000 万元/km^2，其他沿海县（市、区）均处于 1 000 万～2 000 万元/km^2。

就生态系统服务价值总量而言，台山市生态系统服务价值最大，达 560.78 亿元，其次是雷州市和惠东县，分别达 450.29 亿元和 439.71 亿元；东莞市、中山市、新会市、廉江市等市生态系统服务价值量均处于 300 亿～400 亿元；赤坎区、盐田区、霞山区等区生态系统服务价值量最小，小于 10 亿元；其他沿海县（市、区）处于 10 亿～300 亿元。

5.1.3　基于生态系统服务价值的海岸带保护生态补偿标准

5.1.3.1　地区间海岸带保护生态补偿标准

根据第 4.3.1 节对海岸带保护生态补偿主客体的分析结果可知，广东省政府代表全省人民，对全省海岸带所在地的政府和人民群众，支付全省海岸带对全省其他地区所提供的外溢生态系统服务；而在海岸带内部，应由获得外溢生态系统服务价值的地区向提供外溢生态系统服务价值的地区进行生态补偿。

全省海岸带地区提供的生态系统服务价值总量为 7 496.265 3 亿元/a，从理论上，海岸带地区由于生态环境保护而获得的生态补偿总额不超过其提供的生态系统服务价值总量，因此，海岸带地区应获得的生态补偿总额应低于 7 496.265 3 亿元/a。全省陆地土地总面积为 199 000 km^2，陆地生态用地所提供的生态系统服务价值总量为 37 781.62 亿元/a [212]，全省生态系统服务价值平均密度为 1 898.57 万元/（km^2·a）。基于区域生态系统服务价值流动至均匀分布的假设和海岸带地区的人民群众同时也是海岸带生态系统服务的受益者，对海岸带地区的生态补偿总额应仅针对其高于全省生态系统服务价值密度的部分，由于全省海岸带地区的生态系统服务价值密度（1 299.09 万元/km^2）低于全省平均水平，因此，省财政仅需对海岸带地区内禁止开发区进行生态补偿支付。

考虑海岸带内部存在生态系统服务价值分布的不均匀，导致生态系统服务价值密度大的地区向密度小的地区提供了外溢生态系统服务。根据“谁受益，谁补偿”的原则，享受外溢生态系统服务的地区应根据所获得的外溢生态系统服务价值支付生态补偿。以区县为生态补偿单位，生态系统服务价值密度高于全省海岸带地区平均值（1 299.09 万元/km^2）的，包括饶平县、东莞市、番禺区等 20 个地区，按其提供的外溢生态系统服务价值量合

212 谢萍. 国土资源生态环境遥感监测与综合评估方法——以广东省为例[J]. 安徽农业科学，2020（11）：77-81.

计可获得生态补偿总规模 867.96 亿元/a；而生态系统服务价值密度低于全省海岸带地区平均值（1 299.09 万元/km^2）的，包括黄埔区、惠东县、惠阳区等 23 个地区，按其获得的外溢生态系统服务价值量支付生态补偿（表 5-19）。

表 5-19 基于生态服务价值的地区间海岸带保护生态补偿额度

地市	县区	单位面积价值/（万元/km^2）	海岸带总面积/km^2	应获得的生态补偿资金/（万元/a）	应支付的生态补偿资金/（万元/a）
潮州市	饶平县	1 463.10	1 738.36	285 109	0
东莞市	东莞市	1 481.27	2 507.42	456 784	0
广州市	番禺区	2 005.52	547.20	386 557	0
	黄埔区	1 108.73	492.71	0	93 793
	南沙区	2 151.14	913.55	778 382	0
惠州市	惠东县	1 200.04	3 664.13	0	362 936
	惠阳区	1 191.47	2 310.99	0	248 716
恩平市	恩平市	1 243.71	1 761.85	0	97 585
	台山市	1 451.73	3 862.87	589 615	0
	新会市	2 076.41	1 639.20	1 274 179	0
揭阳市	惠来县	1 165.51	1 355.00	0	181 009
茂名市	电白区	985.64	2 402.65	0	753 114
汕头市	潮南区	1 466.55	638.28	106 883	0
	潮阳区	2 051.84	1 293.42	973 618	0
	澄海区	1 874.24	472.34	271 666	0
	濠江区	2 107.26	250.97	202 825	0
	金平区	3 749.09	175.22	429 285	0
	龙湖区	1 450.08	104.48	15 775	0
	南澳县	872.24	367.90	0	157 038
汕尾市	海丰县	1 323.44	1 940.11	47 232	0
	陆丰市	1 308.45	1 811.30	16 948	0
	城区	1 133.98	512.57	0	84 631
深圳市	宝安区	666.38	973.27	0	615 800
	南山区	667.97	167.40	0	266 560
	福田区	785.69	422.36	0	38 125
	龙岗区	932.54	791.14	0	289 997
	盐田区	1 158.93	76.51	0	10 724
阳江市	江城区	1 557.80	721.26	186 599	0
	阳东区	1 134.64	2 034.10	0	334 521
	阳西县	1 081.58	1 573.49	0	342 257

地市	县区	单位面积价值/（万元/km²）	海岸带总面积/km²	应获得的生态补偿资金/（万元/a）	应支付的生态补偿资金/（万元/a）
湛江市	赤坎区	1 538.91	58.70	14 076	0
	雷州市	1 034.61	4 352.28	0	1 151 122
	廉江市	1 169.21	2 833.93	0	368 079
	麻章区	1 125.74	1 207.28	0	209 284
	坡头区	1 458.83	780.44	124 661	0
	遂溪县	737.54	2 587.97	0	1 453 271
	吴川市	1 006.26	1 048.52	0	307 045
	霞山区	678.09	94.96	0	58 973
	徐闻县	991.14	2 646.16	0	814 904
中山市	中山市	2 080.80	1 774.71	1 387 291	0
珠海市	斗门区	2 423.71	864.49	972 218	0
	金湾区	1 477.04	897.75	159 755	0
	香洲区	908.94	1 127.69	0	439 970
总计	总计	1 299.09	48 890.30	8 679 456	8 679 456

5.1.3.2　地区间滨海湿地保护生态补偿标准

考虑到 5.1.2.3 小节所核算的海岸带生态系统服务价值包括了陆地和滨海湿地两部分，由于现有全省生态保护补偿转移支付已经对陆地禁止开发区进行补偿。因此，本节单独分析全省滨海湿地生态系统服务价值流动及其生态补偿关系。

广东省滨海湿地提供的生态系统服务价值总量为 610.36 亿元/a，从理论上，海岸带地区获得的滨海湿地生态补偿总额不超过其提供的滨海湿地生态系统服务价值总量，因此，海岸带地区应获得的滨海湿地生态补偿总额应不高于 610.36 亿元/a。基于区域生态系统服务价值流动至均匀分布的假设和海岸带地区的人民群众同时也是海岸带生态系统服务的受益者，对滨海湿地生态补偿总额应仅针对其高于全省生态系统服务价值密度的部分，由于滨海湿地的生态系统服务价值密度（666.09 万元/km²）低于全省陆地生态系统服务价值平均密度 [1 898.57 万元/（km²·a）]，因此，省财政仅需对海岸带地区内禁止开发区进行生态补偿支付。

根据“谁受益，谁补偿”的原则，享受外溢生态系统服务的地区应根据所获得的外溢生态系统服务价值支付生态补偿。以区县为生态补偿单位，区县所提供的滨海湿地生态系统服务价值密度高于平均值（105.77 万元/km²）的，包括福田区、南澳县、香洲区等 19 个地区，按其提供的外溢滨海湿地生态系统服务价值量合计可获得生态补偿总规模为 223.01 亿元/a；而滨海湿地生态系统服务价值密度低于平均值（105.77 万元/km²）的，包括饶平县、东莞市和番禺区等 24 个地区，按其获得的外溢生态系统服务价值量支付生态补偿（表 5-20）。

表 5-20 基于生态服务价值的地区间滨海湿地生态补偿额度

地市	县区	海岸带面积/km²	滨海湿地生态系统服务价值/万元	单位面积价值/（万元/km²）	应获得的生态补偿资金/（万元/a）	应支付的生态补偿资金/（万元/a）
潮州市	饶平县	1 738.36	40 511	23.30	0	143 363
东莞市	东莞市	2 507.42	49 828	19.87	0	215 393
广州市	番禺区	547.20	18 491	33.79	0	39 389
	黄埔区	492.71	6 177	12.54	0	45 939
	南沙区	913.55	168 373	184.31	71 743	0
惠州市	惠东县	3 664.13	123 204	33.62	0	264 366
	惠阳区	2 310.99	71 301	30.85	0	173 143
恩平市	恩平市	1 761.85	56 654	32.16	0	129 704
	台山市	3 862.87	549 501	142.25	140 909	0
	新会市	1 639.20	26 209	15.99	0	147 177
揭阳市	惠来县	1 355.00	66 109	48.79	0	77 215
茂名市	电白区	2 402.65	182 744	76.06	0	71 395
汕头市	潮南区	638.28	25 405	39.80	0	42 109
	潮阳区	1 293.42	17 269	13.35	0	119 542
	澄海区	472.34	52 105	110.31	2 144	0
	濠江区	250.97	50 055	199.45	23 509	0
	金平区	175.22	25 576	145.97	7 042	0
	龙湖区	104.48	27 531	263.51	16 480	0
	南澳县	367.90	175 157	476.10	136 243	0
汕尾市	海丰县	1 940.11	124 470	64.16	0	80 744
	陆丰市	1 811.30	82 329	45.45	0	109 260
	城区	512.57	110 170	214.94	55 953	0
深圳市	宝安区	973.27	125 621	129.07	22 674	0
	南山区	422.36	169 401	401.08	124 728	0
	福田区	74.26	2 776	37.38	0	5 078
	龙岗区	791.14	49 651	62.76	0	34 032
	盐田区	76.51	5 455	71.30	0	2 638
阳江市	江城区	721.26	156 288	216.69	79 997	0
	阳东区	2 034.10	95 977	47.18	0	119 179
	阳西县	1 573.49	145 690	92.59	0	20 745

地市	县区	海岸带面积/km^2	滨海湿地生态系统服务价值/万元	单位面积价值/（万元/km^2）	应获得的生态补偿资金/（万元/a）	应支付的生态补偿资金/（万元/a）
湛江市	赤坎区	58.70	85	1.45	0	6 123
	雷州市	4 352.28	620 830	142.64	160 471	0
	廉江市	2 833.93	73 649	25.99	0	226 108
	麻章区	1 207.28	340 786	282.28	213 087	0
	坡头区	780.44	202 788	259.84	120 238	0
	遂溪县	2 587.97	392 471	151.65	118 731	0
	吴川市	1 048.52	134 080	127.88	23 174	0
	霞山区	94.96	851	8.96	0	9 194
	徐闻县	2 646.16	613 468	231.83	333 573	0
中山市	中山市	1 774.71	58 056	32.71	0	129 663
珠海市	斗门区	864.49	85 486	98.89	0	5 955
	金湾区	897.75	328 368	365.77	233 409	0
	香洲区	1 127.69	452 631	401.38	333 350	0
总计	总计	57 703.79	6 103 577	105.77	2 217 453	2 217 454

5.2　基于 CVM 的地区间海岸带保护生态补偿标准研究

5.2.1　调查方案设计与实施

5.2.1.1　调查对象范围确定

《海岸线保护与利用管理办法》提出，沿海省级人民政府负责本行政区域内海岸线保护与利用的监督管理，落实自然岸线保有率管控目标，建立自然岸线保有率管控目标责任制，合理确定考核指标，将自然岸线保护纳入沿海地方人民政府政绩考核。建立自然岸线保有率控制制度。到 2020 年，全国自然岸线保有率不低于 35%（不包括海岛岸线）。对自然岸线保有率不达标的地区，依照法律规定，实施项目限批，暂停受理和审批该区域新增占用自然岸线的用海项目。全省海岸线保护的受益者为全省全体人民，因此，本次问卷调查的对象为广东省常住人口。

5.2.1.2 调查问卷设计

（1）问卷设计方法

问卷调查表的设计，直接关系问卷调查法（CVM）的运用效果，从内容上讲一般包括三大部分：首先，通过对问题的描述，确保调查对象清楚了解有关问题；其次，引导调查对象对生态环境物品的态度，即求导其 WTP/WTA；再次，获得调查对象个人的社会经济地理属性等方面的信息。

在问卷调查表的设计过程中，存在三个关键技术问题，即假想市场的创建、支付方式的选择和引导技术的选择。首先，假想市场的创建应向调查对象传递以下信息：对评估对象的描述、对相应措施计划的描述、资源环境保护的方法和供给的方式、成功的可能性、不采取保护措施的后果、支付方式及支付所跨越的时段等，其目的除使调查对象相信假想市场的真实性外，还要提供足够的背景信息，以避免信息偏差。其次，CVM 的支付方式直接影响假想市场的模拟效果，较为常用的支付方式包括建立特殊基金、征税、捐款、收取公共事业费等，这些支付手段有助于打消答题者的顾虑，有可能较为准确地引导出调查对象的真实支付意愿。最后，CVM 引导技术主要有两类，一类是连续型的，另一类是离散型的，连续型的包括三种方法，即重复投标博弈、开放式和支付卡式。

重复投标博弈技术在现今的研究中已不常用；开放式引导技术在 CVM 应用初期采用较多，直接询问被调查者的最大 WTP/WTA，提供了最容易分析的数据，但由于一些普通群众不熟悉为公共物品估价，难以给出恰当的支付或受偿意愿，问卷拒答率往往较高；支付卡式引导技术一般要求调查对象从一系列给定的价值区间中选择他们的最大 WTP/WTA，降低了为公共物品估价的难度，但支付卡提供的报价范围及其中点有可能影响调查对象的支付意愿。离散型的引导技术，其主要形式是二分法选择问卷，又分为单边界二分法、双边界二分法、三边界二分法和多边界二分法，该方式属于“是—否”型问题或封闭式问题，即调查对象只需对给定的货币金额做出“是”或“否”的判断，虽然能鼓励人们讲真话，减少调查对象高报估价的可能性，但是它在设计投标的数量范围和计算支付意愿上存在一定的困难（图 5-1）。

（2）预调查

在正式开展问卷调查前，需进行预调查，主要目的在于检测调查问卷的实际调查效果，及时调整和修正调查问卷，进一步提高调查问卷和调查方案的合理性、一般性和逻辑性。因此，本研究在 2020 年 6 月进行了二分法 CVM 支付意愿调查问卷的预调查，获得预调查问卷 64 份，根据预调查所获得的平均支付意愿，调整调查问卷的支付意愿起点为 50 元/a。

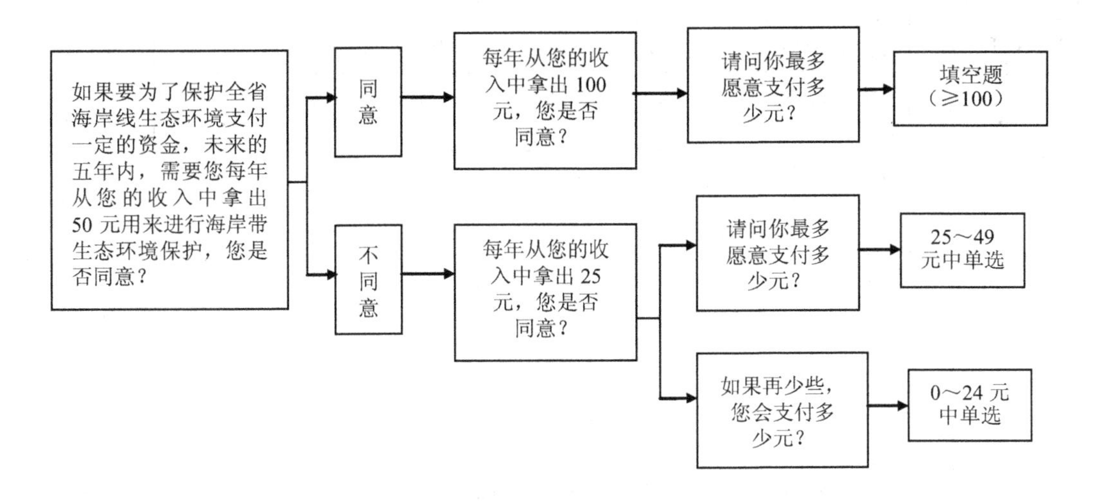

图 5-1　本研究海岸带保护二分法 WTP 核心问题

（3）调查问卷内容

经调整后，本研究中《广东省海岸带保护生态补偿支付意愿调查问卷》主要包括三部分，第一部分为受访者对海岸带生态环境保护和生态补偿问题的认识，主要包括 11 个问题，包括对广东省海岸带管理现状、海岸带保护重要性的认识，与海岸带的地理关系、社会关系等，均为单选题；第二部分为受访者对海岸带保护生态补偿的支付意愿调查，包括 9 个问题，其中前 5 个问题为 CVM 调查的核心问题，同时调查受访者的支付方式和补偿资金用途倾向以及零支付意愿的原因；第三部分为受访者个人的社会经济地理属性，包括 6 个问题，主要询问受访者的性别、年龄、文化程度、职业、个人收入和捐赠习惯。调查问卷详见附件 1，问卷主要内容见表 5-21。

表 5-21　广东省海岸带保护生态补偿支付意愿调查问卷主要内容

问卷内容	序号	调查问题题目	题目类型
受访者对海岸带生态环境保护和生态补偿问题的认识	1	您的所在区域？	单选题
	2	您认为海岸带重要吗？	单选题
	3	您对广东省海岸带当前的保护与开发状况如何评价？	单选题
	4	您认为政府有必要进一步加强自然岸线保护并出台相关政策吗？	单选题
	5	您认为海岸线保护除了能产生经济效益外，还具有调节当地水资源和水动力的生态效益吗？	单选题
	6	您认为海岸线保护除了能产生经济效益外，还具有增强环境容量的生态效益吗？	单选题
	7	您认为海岸线保护除了能产生经济效益外，还具有维持生物多样性的生态效益吗？	单选题

问卷内容	序号	调查问题题目	题目类型
受访者对海岸带生态环境保护和生态补偿问题的认识	8	您认为自然岸线长度减少和质量降低对您的生活有直接影响吗？	单选题
	9	您认为自然岸线长度减少和质量降低对子孙后代今后的生活有直接影响吗？	单选题
	10	2019年，您本人到海边游玩多少次？	单选题
	11	您目前居住地与海边的距离是？	单选题
CVM核心问题	12	如果要为了保护全省海岸线生态环境支付一定的资金，未来的五年内，需要您每年从您的收入中拿出50元用来进行海岸带生态环境保护，您是否同意？	单选题
	13	每年从您的收入中拿出100元，您是否同意？	单选题
	14	请问你最多愿意支付多少元？	填空题
	15	每年从您的收入中拿出25元，您是否同意？	单选题
	16	那么请问您最多愿意支付多少元？	单选题
	17	如果再少些，您会支付多少元？	单选题
	18	您会选择以下哪种支付方式？	单选题
	19	请选择您拒绝支付的原因	单选题
	20	如果您愿意支付一定金额，您希望您的捐款被用在何处？	单选题
受访者社会经济地理属性等信息	21	您的性别是？	单选题
	22	您的年龄是？	单选题
	23	您的文化程度是？	单选题
	24	您的职业是？	单选题
	25	您的个人2019年全年的总收入是？	单选题
	26	过去五年，您是否曾进行生态环境保护相关的捐赠？	单选题

5.2.1.3 问卷调查实施

由于问卷调查的开展恰逢2020年新冠疫情防控期，综合考虑疫情防控要求和调查工作需求，本次调查主要采取线上问卷调查的形式开展。

在调查样本的抽样上，采取了分层随机抽样法，在确定广东省全域问卷调查总份数的基础上，根据各地级市常住人口数据进行区域抽样量的分配，利用IP归属地设置限定受访者的范围。同时，由于线上电子问卷可设置题目之间的逻辑关系和题目填写合规性审查，避免了由于填写不规范、漏填、逻辑错误等原因出现问卷不合格的现象。

5.2.2　调查结果分析

5.2.2.1　受访者的基本情况

本次地区间海岸带保护生态补偿共计回收 1 502 份有效问卷，从受访者的性别结构看，男女比例分别为 52.66%和 47.34%；从受访者的年龄结构看，20 岁以下占 21.17%，21～30 岁占 25.17%，31～40 岁占 18.84%，41～50 岁占 15.25%，51～60 岁占 10.85%，60 岁以上占 8.72%；从受访者的教育结构看，小学及以下占 3.66%，初中占 10.85%，高中（中专）占 27.03%，大学占 51.66%，研究生以上占 6.80%；从受访者的职业结构看，农民占 3.60%，普通工人占 17.38%，管理人员、医生、教师和公务员占 28.83%，军人占 6.52%，个体户占 9.72%，商业、服务业从业人员占 12.65%，退休人员占 2.80%，学生占 17.58%，其他职业占 0.93%；从受访者的收入结构看，年度总收入不足 1 万元的占 18.95%，年度总收入 1 万～2 万元的占 10.79%，年度总收入 2 万～4 万元的占 10.59%，年度总收入 4 万～6 万元的占 9.85%，年度总收入 6 万～8 万元的占 8.26%，年度总收入 8 万～10 万元的占 12.52%，年度总收入 10 万～12 万元的占 8.99%，年度总收入 12 万～15 万元的占 9.39%，年度总收入 15 万～20 万元的占 5.93%，年度总收入高于 20 万元的占 4.73%；从受访者的捐赠习惯看，过去五年曾进行生态环境保护相关捐赠的占 53.79%，过去五年未曾进行生态环境保护相关捐赠的占 31.49%，不确定的占 14.72%。具体见图 5-2～图 5-7。

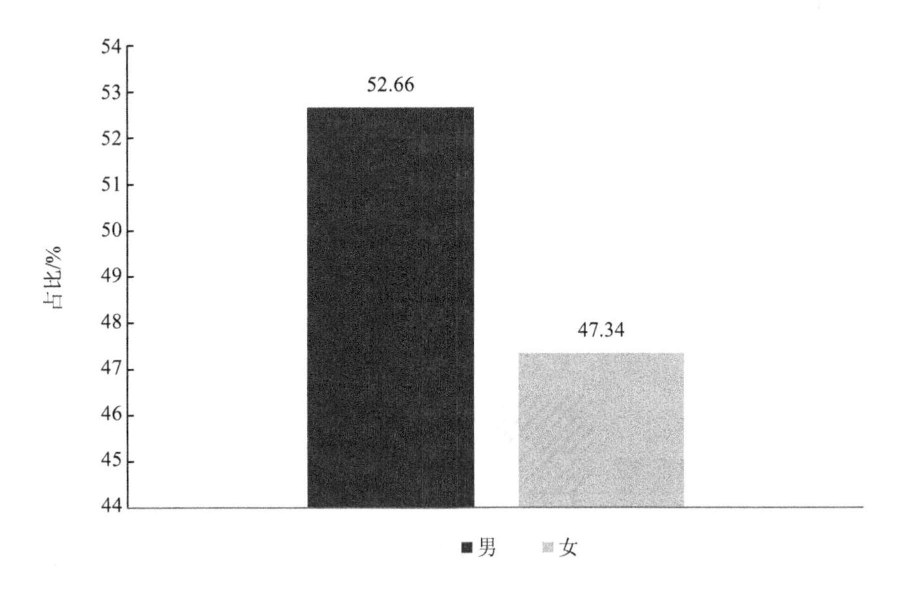

图 5-2　受访者性别结构情况

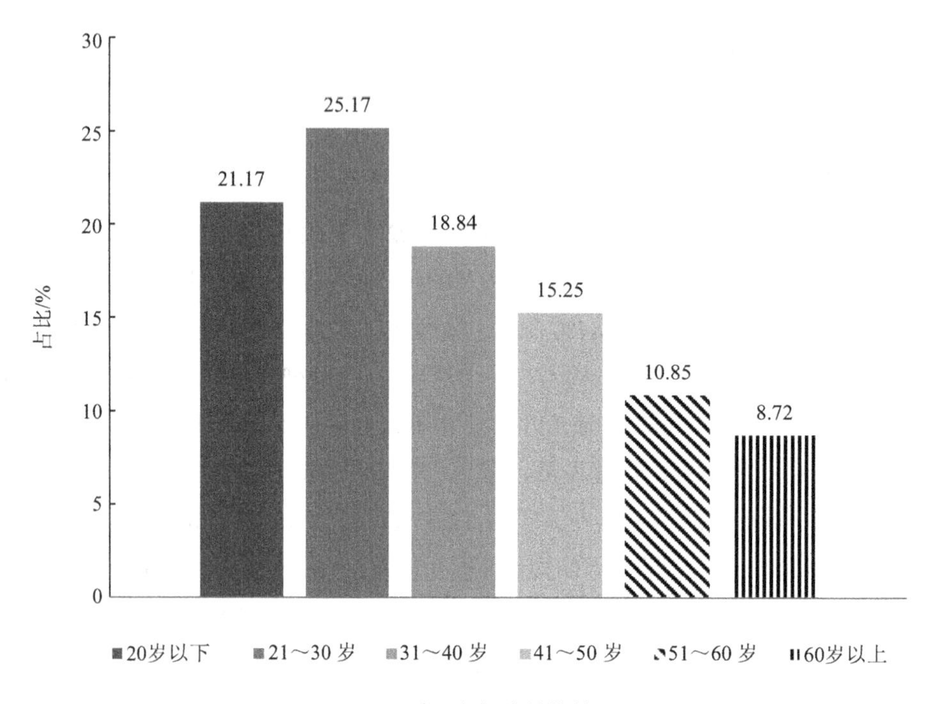

图 5-3 受访者年龄结构情况

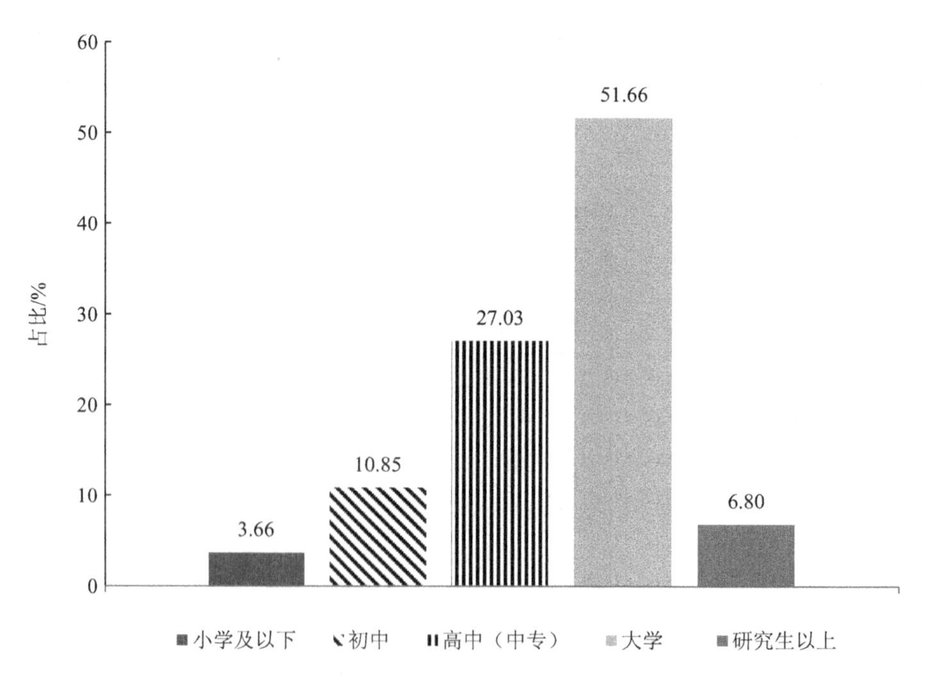

图 5-4 受访者教育结构情况

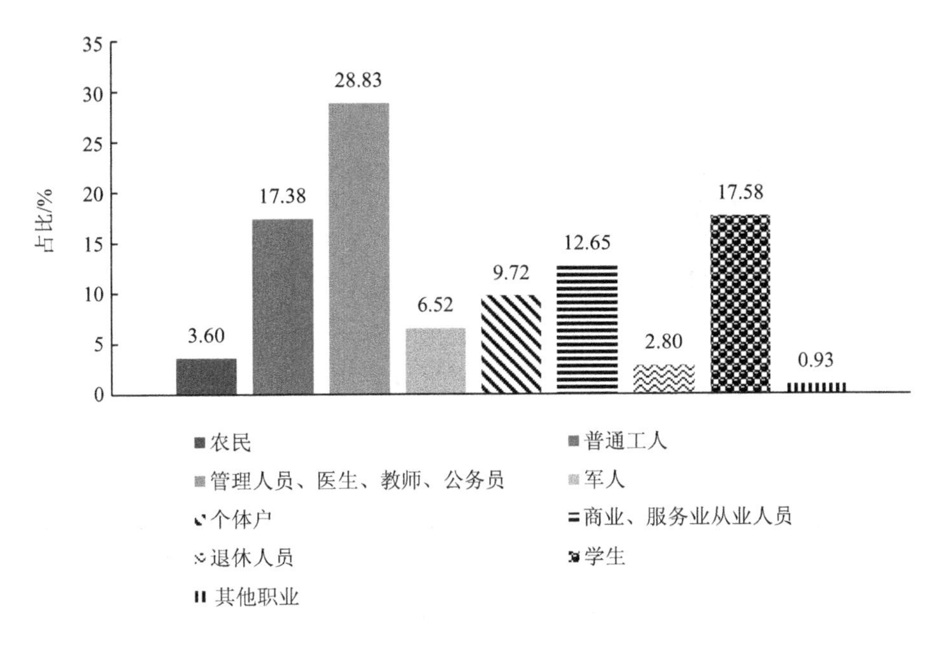

图 5-5　受访者职业结构情况

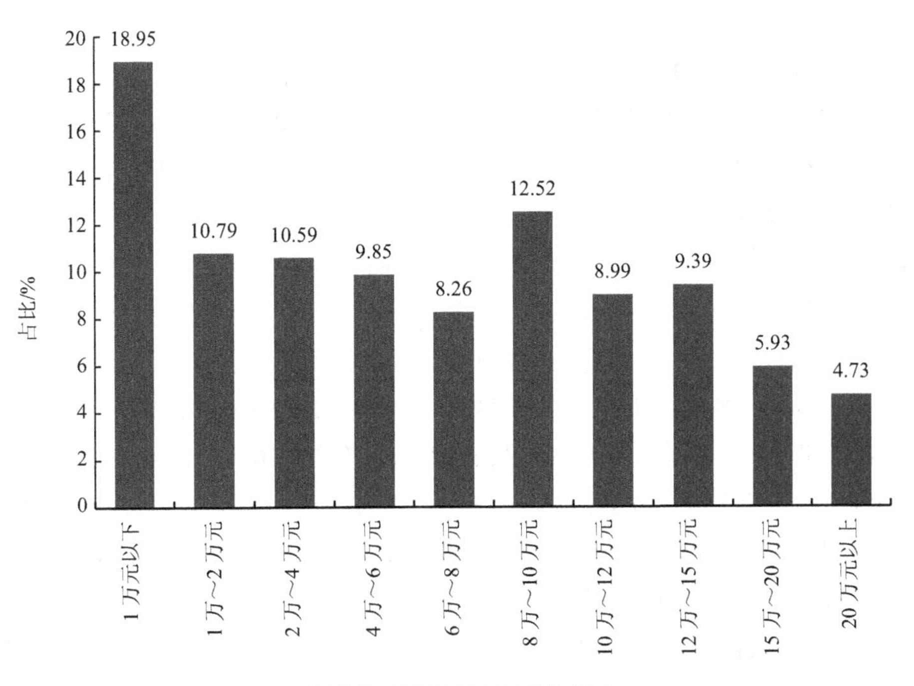

图 5-6　受访者收入结构情况

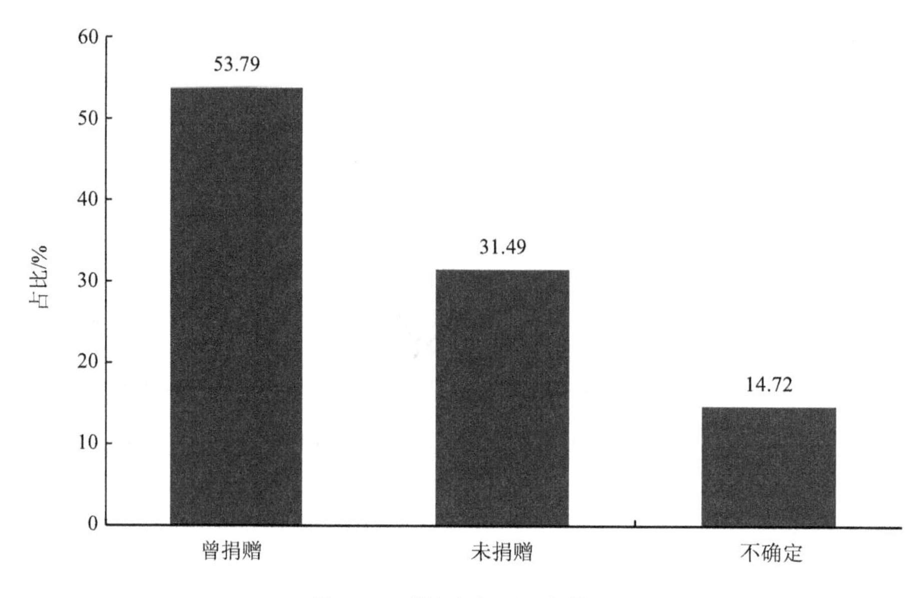

图 5-7 受访者捐赠习惯情况

5.2.2.2 受访者对海岸带保护与补偿的认识

本次问卷调查透过 11 个问题调查了受访者对海岸带保护与补偿的认识，主要包括受访者与海岸带之间的地理关系（问题 1 和问题 11）、受访者与海岸带之间的社会关系（问题 10）、受访者对海岸带的认识（问题 2～问题 7）和受访者自身与海岸带关系的认识（问题 8 和问题 9）。

其中，受访者与海岸带之间的地理关系相关问题的调查结果显示（图 5-8）：本次调查的 1 502 个受访者中，有 74.5%来自广东省 14 个沿海地市，另外 25.5%来自非沿海地市，这与目前全省常住人口分布情况基本吻合。受访者的居住地与海边的距离，车程 0.5 h 以内的占 9.73%，车程 0.5～1 h 的占 24.83%，车程 1～2 h 的占 34.82%，车程 2～3 h 的占 16.71%，车程 3 h 以上的占 9.72%，没去过海边且不清楚距离的占 4.19%。广东省海岸带所在地级市的常住人口约占全省人口的 3/4，大多数居民均到访过海边，且 70%左右的人口与海边的距离在 2 h 车程以内（表 5-22），可见，广东省海岸带为全省大多数人口提供了包括旅游休憩等在内的生态系统服务。

其中，受访者与海岸带之间的社会关系相关问题的调查结果显示（图 5-9）：2019 年，从未到海边游玩的受访者占 13.52%，曾到海边游玩的受访者占 86.48%，其中游玩 1 次的占 19.37%、2 次的占 28.63%、3 次的占 21.84%、4 次及以上的占 16.64%。可见，由于与海边的地理距离较短，广东省居民与海边的社会距离也较亲近。

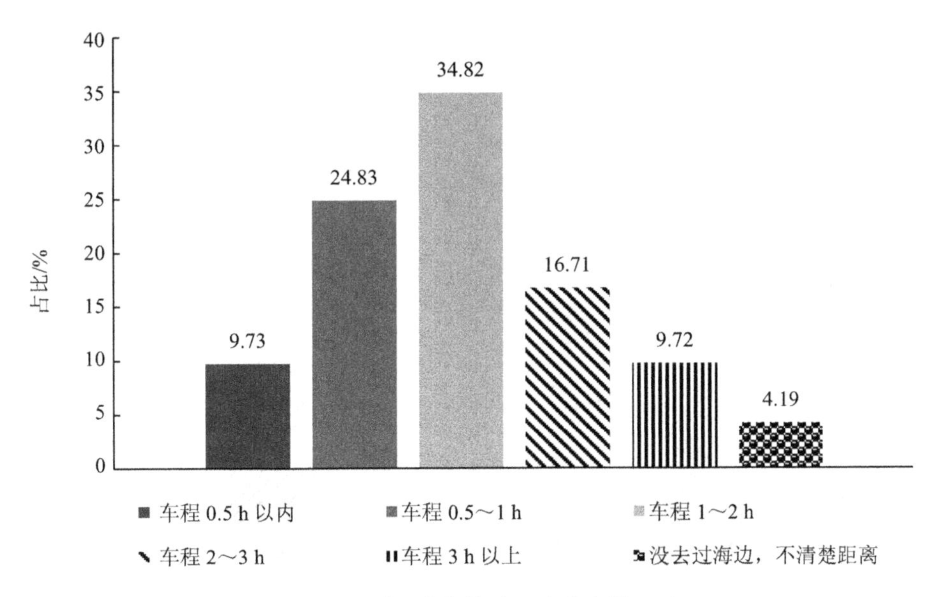

图 5-8 受访者与海边距离分布情况

表 5-22 受访者区域分布情况

区域		占比/%		样本量/个	
沿海	潮州	2.33	74.5	35	1 119
	汕头	4.99		75	
	揭阳	5.39		81	
	汕尾	2.66		40	
	惠州	4.26		64	
	深圳	11.45		172	
	东莞	7.39		111	
	广州	13.12		197	
	中山	2.93		44	
	珠海	1.66		25	
	江门	4.06		61	
	阳江	2.26		34	
	茂名	5.53		83	
	湛江	6.46		97	
非沿海	佛山	7.00	25.5	105	383
	肇庆	3.66		55	
	梅州	3.86		58	
	清远	3.40		51	
	河源	2.73		41	
	韶关	2.66		40	
	云浮	2.20		33	
合计		100.00		1 502	

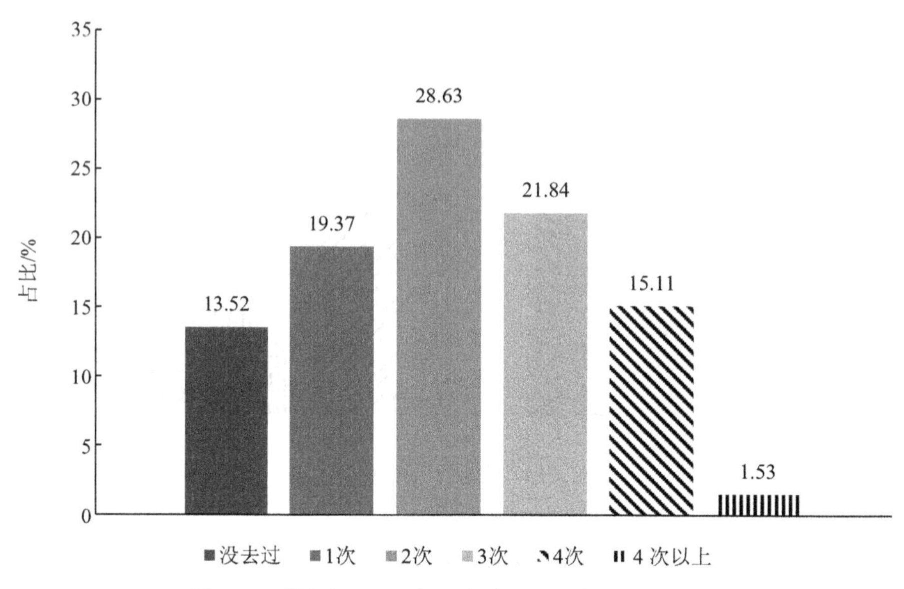

图 5-9 受访者 2019 年至海边游玩次数的分布情况

其中，受访者对海岸带的认识相关问题的调查结果显示（图 5-10～图 5-13）：① 大多数受访者均认同海岸带的重要性，仅 1.13%的受访者认为海岸带不重要；② 除 7.72%的受访者不做评价外，50.80%的受访者认为广东省“自然岸线较多，保护得很好”，30.29%的受访者认为广东省海岸带“保护较好，有序开发”，11.19%的受访者认为广东省海岸带“过度开发，人工化严重”，可见，受访者对目前广东省海岸带保护状况相对比较认可。③ 超过 70%的受访者认为有必要进一步加强自然岸线保护并出台相关政策。④ 在对海岸带的生态效益的认识方面，67.11%的受访者认为海岸带具有调节当地水资源和水动力的生态效益，69.44%的受访者认为海岸带具有增强环境容量的生态效益，73.04%的受访者认为海岸带具有维持生物多样性的生态效益，可见，海岸带的生态效益获得了较普遍的认同。

其中，受访者对自身与海岸带关系相关问题的调查主要从自然岸线长度减少和质量降低对受访者自身及其后代的生活是否存在直接影响考量，结果显示（图 5-14、图 5-15），认为对自身生活影响很大的占 40.28%，有一些影响的占 37.15%，仅 4.99%的受访者认为没有影响；认为对其后代的生活影响很大的占 50.00%，有一些影响的占 32.16%，仅 3.72%的受访者认为对其后代的生活没有影响。

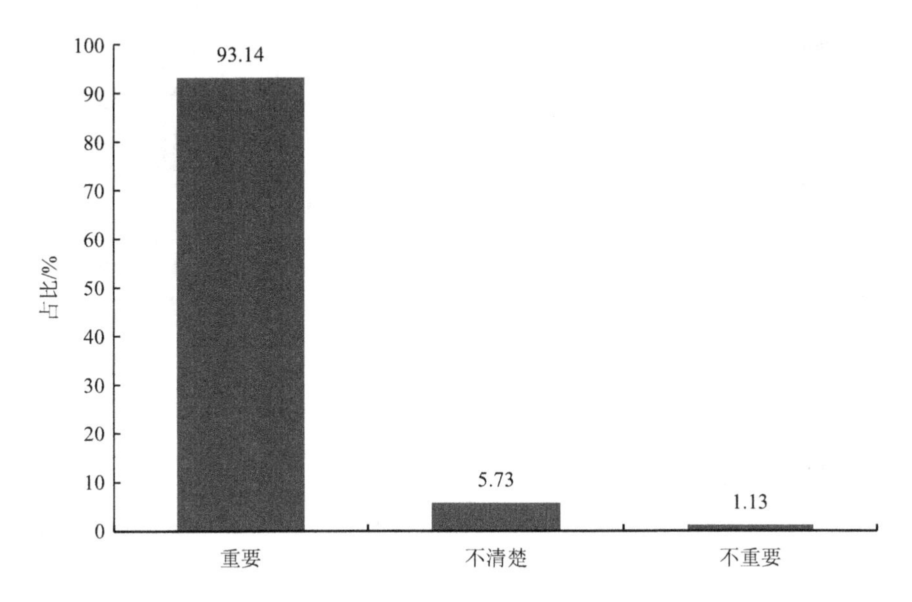

图 5-10　受访者对海岸带重要性认识的分布情况

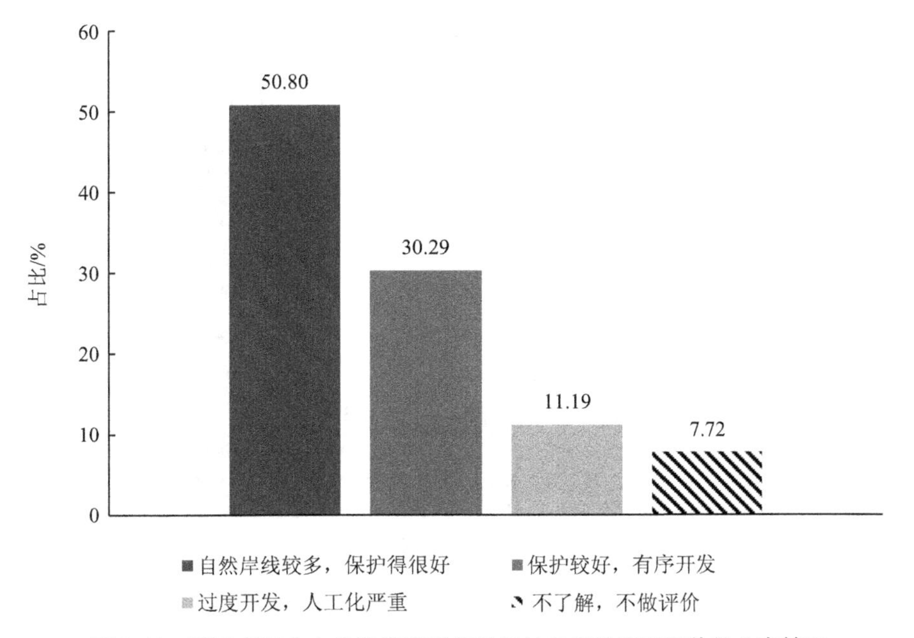

图 5-11　受访者对广东省海岸带当前的保护与开发状况评价的分布情况

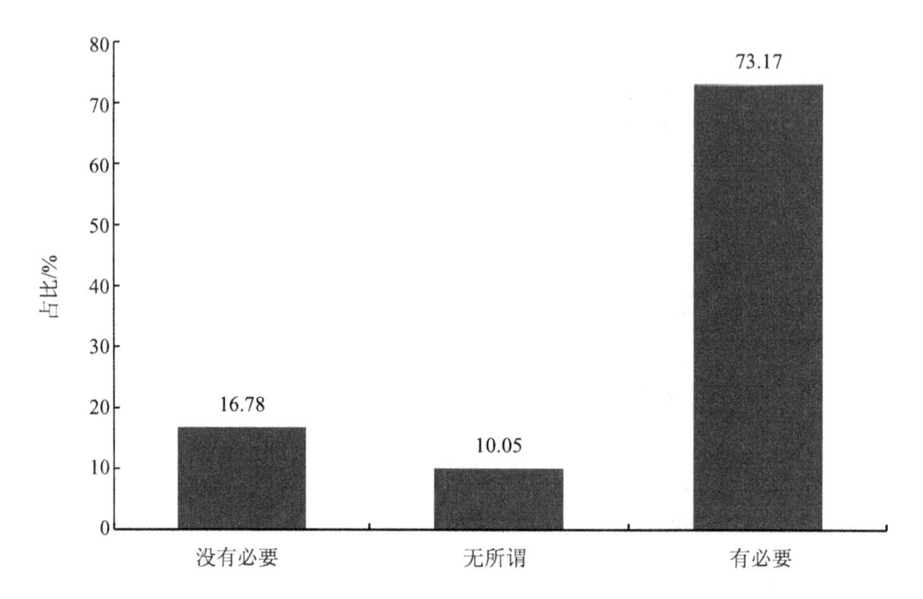

图 5-12　受访者对广东省加强自然岸线保护态度的分布情况

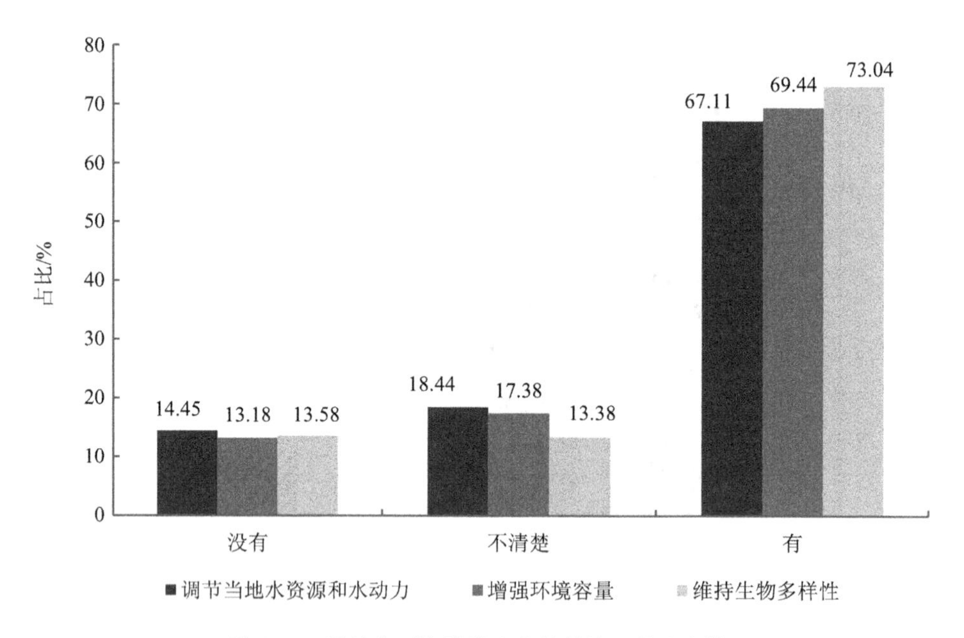

图 5-13　受访者对海岸带生态效益认识的分布情况

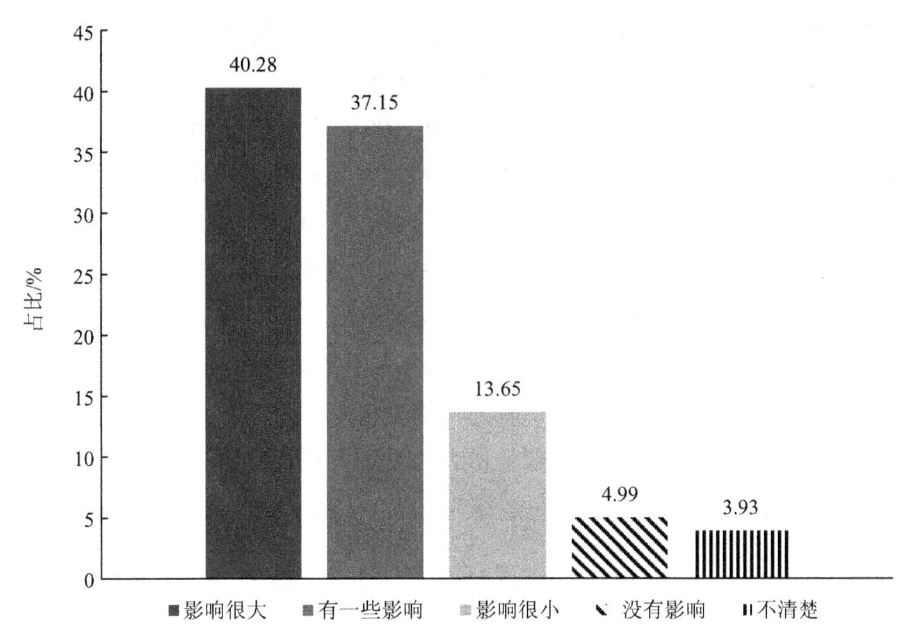

图 5-14　受访者认为海岸带受损对自身影响的分布情况

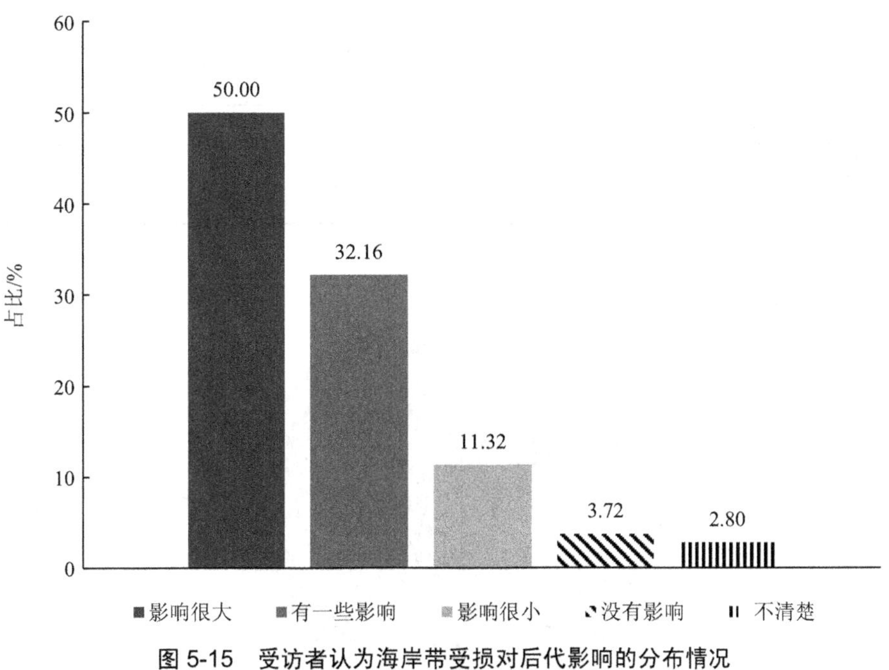

图 5-15　受访者认为海岸带受损对后代影响的分布情况

5.2.2.3　受访者对海岸带保护生态补偿的态度

本次问卷调查透过 9 个问题调查了受访者对海岸带保护生态补偿支付意愿的情况，

主要包括受访者对海岸带保护生态补偿的支付意愿（前 5 个问题）、受访者对海岸带保护生态补偿资金支付与使用的态度，以及拒绝支付的原因等。

受访者中同意未来五年内每年从其收入中拿出 100 元及以上用于海岸带生态环境保护的占 64.2%，此部分受访者的平均支付意愿为 1 001.6 元/a；受访者中同意未来五年内每年从其收入中拿出不低于 50 元且不高于 99 元用于海岸带生态环境保护的占 16.8%，此部分受访者的平均支付意愿为 73.1 元/a；受访者中同意未来五年内每年从其收入中拿出不低于 25 元且不高于 49 元用于海岸带生态环境保护的占 6.0%，此部分受访者的平均支付意愿为 36.78 元/a；受访者中同意未来五年内每年从其收入中拿出不高于 24 元用于海岸带生态环境保护的占 8.9%，此部分受访者的平均支付意愿为 6.9 元/a；不愿意支付的受访者共 62 人，占 4.1%。从整体看，全部受访者的平均支付意愿为 658.0 元/a，其中 1 440 个非零支付意愿受访者的平均非零支付意愿为 686.3 元/a（表 5-23、图 5-16）。

表 5-23 受访者对海岸带保护生态补偿的支付意愿调查结果

支付意愿性质	支付意愿≥100 元/a	50 元/a≤支付意愿＜100 元/a	25 元/a≤支付意愿＜50 元/a	0 元/a＜支付意愿＜25 元/a	支付意愿＝0 元/a
选择人数/个	964	253	90	133	62
选择比例/%	64.2	16.8	6.0	8.9	4.1
平均支付意愿/（元/a）	1 001.6	73.1	36.78	6.9	0
	658.0				
平均非零支付意愿/（元/a）	686.3				

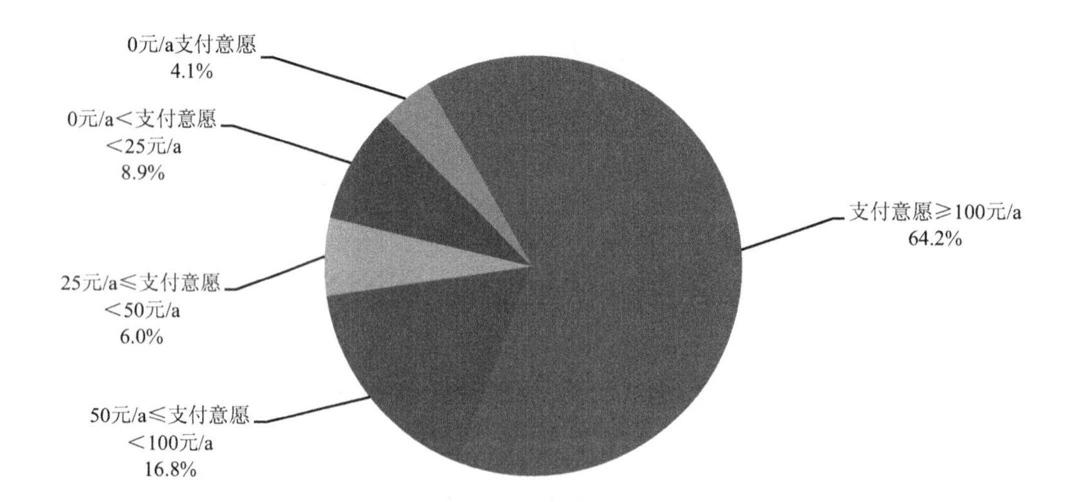

图 5-16 受访者对海岸带保护的支付意愿分布情况

其中，愿意为海岸带补偿支付的 1 440 位受访者中，33.96%希望采用捐款进行支付，32.78%愿意通过向由政府设立并管理的保护基金进行支付，22.71%希望通过税收进行支付，而选择向由非政府组织设立并管理的保护基金和义务劳动等形式支付的受访者约占 10.55%（图 5-17）。

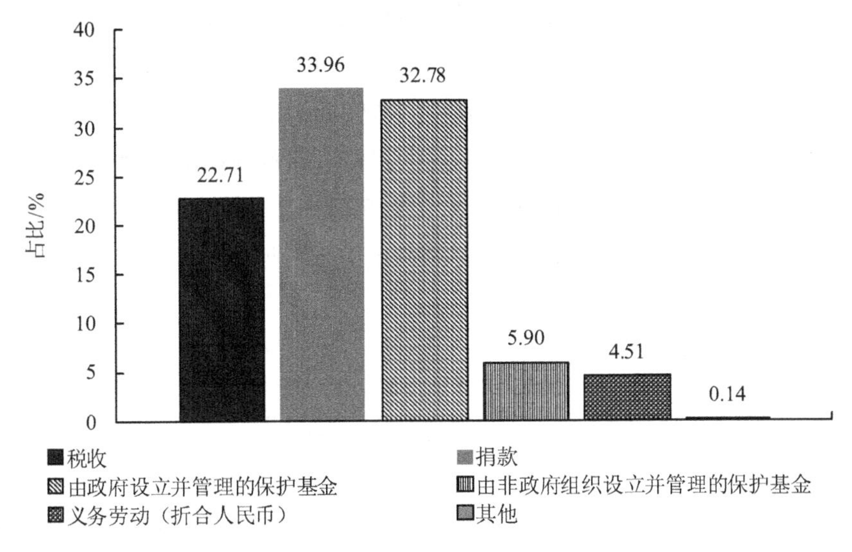

图 5-17 受访者对支付方式的选择分布情况

持零支付意愿的 62 个受访者，其拒绝支付的原因主要包括目前没有能力支付这些费用、认为不应该由普通居民承担海岸带保护费用和担心其支付的钱不会用到海岸带保护中（图 5-18）。

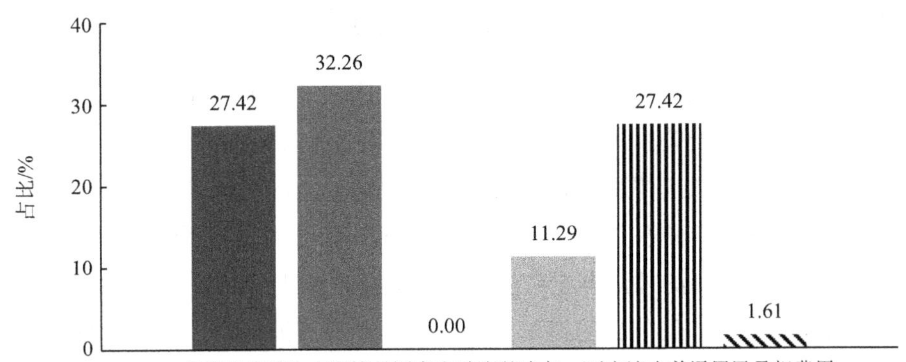

图 5-18 受访者拒绝支付原因的分布情况

5.2.3 基于 CVM 的地区间海岸带保护生态补偿标准

由于全省人民均是海岸带生态环境保护的受益者，因此，采用其平均支付意愿核算全省海岸带保护生态补偿总规模。根据《广东统计年鉴 2019》，全省 2018 年年底常住人口总规模为 1.134 6 亿人。根据 5.2.2.3 小节调查所获得的平均支付意愿和平均非零支付意愿分别核算全省海岸带保护生态补偿资金总规模为 746.6 亿元/a 和 778.7 亿元/a。

考虑到海岸带所提供的生态系统服务价值密度低于全省陆地平均生态系统服务价值密度，仅开展海岸带内地区间生态补偿，则生态补偿的范围调整为全省海岸带，对应受益者为海岸带内常住人口，为 7 800 万人，则根据 5.2.2.3 小节调查所获得的平均支付意愿和平均非零支付意愿分别核算全省地区间海岸带保护生态补偿资金总规模为 513.24 亿元/a 和 535.31 亿元/a（表 5-24）。

表 5-24 基于支付意愿的广东省海岸带生态补偿总规模测算结果

类型	支付意愿/（元/a）	全省海岸带保护生态补偿总规模/（亿元/a）	地区间海岸带保护生态补偿规模/（亿元/a）
平均支付意愿	658.0	746.6	513.24
平均非零支付意愿	686.3	778.7	535.31

5.3 海岸带保护生态补偿标准核算方法

5.3.1 地区间海岸带保护生态补偿标准核算方法

海岸带区域内地区间海岸带保护生态补偿责任应由地区的海岸带保护任务、地区间生态系统服务提供与享受关系决定。区县的生态系统服务价值指数大于 1，表示该区县的生态系统服务价值密度大于平均值，向其他区县提供外溢的海岸带生态系统服务，应获得补偿。区县的生态系统服务价值指数小于 1，表示该区县的生态系统服务价值密度小于平均值，将获得其他区县的外溢海岸带生态系统服务，应支付补偿。

考虑到海岸带生态补偿的目的在于激励地区主动开展海岸带保护和管理，因此，在资金分配上亦应对地区的海岸带保护任务有所考虑。而地区的海岸带保护任务与其大陆自然岸带保护任务和禁止类海洋保护红线管理任务有关，可分别利用大陆自然岸带保护任务指数和禁止类海洋保护红线面积指数来表征。

5.3.1.1 应支付的生态补偿资金核算方法

补偿主体型区县的生态系统服务价值密度小于平均值，将获得其他区县的外溢海岸带生态系统服务，应支付补偿。其生态补偿支付资金规模由其生态系统服务价值指数、大陆自然岸带保护任务指数和禁止类海洋保护红线面积指数决定。

补偿主体型区县应支付的海岸带生态补偿资金核算公式如下：

$$P_i = \begin{cases} F \times \dfrac{(S - S_i) \times M_i}{\sum (S - S_i) \times M_i} & (S_i \leqslant S) \\ 0 & (S_i > S) \end{cases} \tag{5-12}$$

式中，P_i——海岸带 i 区县应支付的生态补偿资金，万元；

F——地区间海岸带保护生态补偿资金总规模，万元；

S_i——i 区县内纳入海岸带生态补偿范围区域所提供的生态系统服务价值密度，万元/km^2；

S——全省纳入生态补偿范围的海岸带所提供的生态系统服务价值平均密度，万元/km^2；

M_i——i 区县纳入海岸带生态补偿范围区域的总面积，km^2。

5.3.1.2 可获得的生态补偿资金核算方法

补偿客体型区县的生态系统服务价值密度大于平均值，将向其他区县提供外溢海岸带生态系统服务，应获得补偿。其可获得的生态补偿资金规模由其生态系统服务价值指数、大陆自然岸带保护任务指数和禁止类海洋保护红线面积指数决定。

补偿客体型区县可获得的海岸带生态补偿资金核算公式如下：

$$F_i = \begin{cases} F \times \dfrac{l_i + a_i + s_i}{\sum (l_i + a_i + s_i)} & (s_i > 1) \\ 0 & (s_i \leqslant 1) \end{cases} \tag{5-13}$$

式中，F_i——海岸带 i 区县可获得的生态补偿资金，万元；

l_i——i 区县的大陆自然岸带保护责任指数，量纲一；

a_i——i 区县的禁止类海洋保护红线面积指数，量纲一；

s_i——i 区县的生态系统服务价值指数，量纲一。

区县的大陆自然岸带保护责任指数计算公式如下：

$$l_i = \frac{L_i}{L} \tag{5-14}$$

式中，L_i——i 区县的大陆自然岸带比例，为该区县纳入生态补偿的海岸带范围内大陆自然岸带占岸带总长度的比例，量纲一；

L——全省大陆自然岸带比例，量纲一。

计算 L_i 时，应注意地区间自然岸带指标交易情况，对于已交易的自然岸带指标，应从原持有方指标中扣除，并计入购入方指标中。

区县的禁止类海洋保护红线面积指数计算公式如下：

$$a_i = \frac{A_i}{A} \tag{5-15}$$

式中，A_i——i 区县的禁止类海洋保护红线面积比例，量纲一；为该区县纳入生态补偿的海岸带范围内禁止类海洋保护红线面积占受补偿总面积的比例。

A——全省禁止类海洋保护红线面积比例，量纲一。

区县的生态系统服务价值指数计算公式如下：

$$s_i = \frac{S_i}{S} \tag{5-16}$$

式中，S_i——i 区县内纳入海岸带生态补偿范围区域所提供的生态系统服务价值密度，万元/km^2；

S——全省纳入生态补偿范围的海岸带所提供的生态系统服务价值平均密度，万元/km^2。

5.3.2 海岸带内严格保护区生态补偿金核算方法

基于前述分析，广东省政府对海岸带内禁止开发区的生态补偿应纳入全省生态保护区财政补偿，属于禁止开发区和海洋特别保护区财政补助。其生态补偿资金规模核算可参考《广东省生态保护区财政补偿转移支付办法》第八条规定，根据各县禁止开发区域和海洋特别保护区的面积、个数及该县基本财力保障需求计算确定资金规模，计算公式如下：

$$F_i = F \times \frac{(M_i + A_i + P_i)}{\sum_i (M_i + A_i + P)} \tag{5-17}$$

式中，F_i——海岸带 i 区县可获得的海岸带严格保护区生态补偿资金，万元；

F——全省禁止开发区、海洋特别保护区补助资金，万元；

M_i——i 区县所辖海岸带严格保护个数因素，量纲一；

A_i——i 区县的面积因素，量纲一；

P_i——i 区县的基本财力因素，量纲一。

第6章

海岸带严格保护区生态补偿标准研究

6.1 海岸带严格保护区及其案例

6.1.1 基本情况

根据“开放广东”网站上的广东省国家级、省级自然保护区名录[213]，筛选出全省海岸带自然保护区名单如表6-1所示。目前，全省海岸带共分布广东惠东海龟国家级自然保护区、广东南澎列岛国家级自然保护区、广东珠江口中华白海豚国家级自然保护区、广东湛江红树林国家级自然保护区、广东徐闻珊瑚礁国家级自然保护区、广东雷州珍稀海洋生物国家级自然保护区和广东内伶仃福田国家级自然保护区等7个国家级自然保护区，广东饶平海山海滩岩田省级自然保护区、广东潮安海蚀地貌省级自然保护区、广东大亚湾水产资源省级自然保护区、广东珠海淇澳—担杆岛省级自然保护区、广东台山上川岛猕猴省级自然保护区、广东江门中华白海豚省级自然保护区、广东阳江南鹏列岛海洋生态省级自然保护区和广东海丰鸟类省级自然保护区等 8 个省级自然保护区，海岸带自然保护区面积合计 319 706.74 hm^2。

表6-1 广东省海岸带自然保护区一览表

序号	保护地名称	保护地级别	行政区域	总面积/hm^2	管理机构名称
1	广东惠东海龟国家级自然保护区	国家级	惠州市惠东县	1 800.0	广东惠东海龟国家级自然保护区管理局
2	广东南澎列岛国家级自然保护区	国家级	汕头市南澳县	35 679.0	广东南澎列岛海洋生态国家级自然保护区管理局
3	广东珠江口中华白海豚国家级自然保护区	国家级	珠海市香洲区	46 000.0	广东珠江口中华白海豚自然保护区管理局
4	广东湛江红树林国家级自然保护区	国家级	湛江市	20 278.8	广东湛江红树林国家级自然保护区管理局

213 http：//gddata.gd.gov.cn/data/dataSet/toDataDetails/29000_56200006.

序号	保护地名称	保护地级别	行政区域	总面积/hm^2	管理机构名称
5	广东徐闻珊瑚礁国家级自然保护区	国家级	徐闻县	14 378.5	广东徐闻珊瑚礁国家级自然保护区管理局
6	广东雷州珍稀海洋生物国家级自然保护区	国家级	雷州市	46 864.7	广东雷州珍稀海洋生物国家级自然保护区管理局
7	广东内伶仃福田国家级自然保护区	国家级	深圳市福田区	921.6	广东内伶仃福田国家级自然保护区管理局
8	广东饶平海山海滩岩田省级自然保护区	省级	潮州市饶平县	2 875.0	广东饶平海山海滩岩田省级自然保护区管理处
9	广东潮安海蚀地貌省级自然保护区	省级	潮州市潮安区	405.2	广东潮安海蚀地貌省级自然保护区管理处
10	广东大亚湾水产资源省级自然保护区	省级	惠州市大亚湾区、惠东县，深圳市大鹏新区	98 511.0	广东大亚湾水产资源省级自然保护区管理处
11	广东珠海淇澳—担杆岛省级自然保护区	省级	珠海市高新区、万山区	7 373.8	广东珠海淇澳—担杆岛省级自然保护区管理处
12	广东台山上川岛猕猴省级自然保护区	省级	江门市台山市	2 281.0	广东台山上川岛猕猴省级自然保护区管理处
13	广东江门中华白海豚省级自然保护区	省级	江门市台山市	10 747.7	广东江门中华白海豚省级自然保护区管理处
14	广东阳江南鹏列岛海洋生态省级自然保护区	省级	阳江市	20 000.0	阳江市海洋与渔业环境监测站
15	广东海丰鸟类省级自然保护区	省级	汕尾海丰	11 590.5	广东海丰鸟类省级自然保护区管理处
合计				319 706.74	—

6.1.2 案例概况

6.1.2.1 概况

广东珠江口中华白海豚国家级自然保护区始建于 1999 年 10 月（粤办函〔1999〕583 号），2003 年 6 月升级为国家级自然保护区（国办发〔2003〕54 号），主管部门是广东省海洋与渔业局。保护区位于珠江口北端，属珠海市水域范围内，总面积 460 km^2，东界线为粤港水域分界线，西界线为 113°40′00″E，南界线为 22°11′00″N，北界线为 22°24′00″N，核心区面积 140 km^2、缓冲区面积 192 km^2、实验区面积 128 km^2。该保护区属于珍稀濒危水生动物保护区，主要保护对象是中华白海豚，其次是江豚。

目前，在珠江口存有我国资源数量最大的中华白海豚群体，种群世代比较完整。珠江口中华白海豚国家级自然保护区管理基地设在珠海市的淇澳岛，基地建设集保护、研究、救护、驯养、科普、宣教、观赏和生态旅游等功能于一体。

（1）地理位置

保护区位于珠江口北端，北至内伶仃岛，南至牛头岛，西至淇澳岛，东至香港大屿山，与香港中华白海豚自然保护区接壤。

（2）功能区划分

① 核心区：面积 140 km^2，是原生自然景观最好的地方，是遗传基因库的精华所在，需采取绝对的保护措施，免受人为干扰破坏。核心区作为深入研究生态系统自然演化的场所，可为人们提供各种标准的“本底”资料。因此，禁止任何船只进入该区域内从事可能对资源造成直接危害或不良影响的活动；若确因科学研究需要进入该区域的，须向保护区管理局申请。

② 缓冲区：面积 192 km^2，位于核心区的周围，其作用是保护核心区免受外界的影响和破坏，起到一定的缓冲作用。经广东省海洋与渔业局批准，在保护区管理局统一规划和引导下，可有计划地在缓冲区组织经济开发活动。

③ 实验区：面积 128 km^2，位于保护区的边缘，以发展本地区特色的生产经营为主，如发展自然保护区野生动物饲养与驯化等，建立资源多层次综合利用的生态良性循环体系。经保护区管理局批准，可在划定范围内适当组织生态旅游、科学考察、教学实习等活动，但不得危害资源和污染环境。

6.1.2.2　保护区生态补偿需求

《中华白海豚保护行动计划（2017—2026 年）》[214] 要求：探索中华白海豚重要分布区的生态补偿与损害赔偿制度，对已有的生态补偿与损害赔偿机制作进一步规范和完善；主要在我国现行生态补偿政策框架下，探索我国中华白海豚重要分布区或敏感区的生态补偿与损害赔偿的可行性；落实补偿与损害赔偿各利益相关方的责任，探索建立生态补偿与损害赔偿制度化的方法模式，并开展试点工作；提出优先开展以下项目，包括中华白海豚生态补偿和损害赔偿技术规程及实施办法的制定，结合生态学、经济学以及社会学等学科的相关理论和研究方法，针对主要的海洋开发活动，建立相应的生态系统价值和损益评估方法与规程，进一步评估不同类型海洋开发活动所造成的生态损害，制定我国中华白海豚生态补偿和损害赔偿技术规范及实施办法。

---

214 https：//www.sohu.com/a/210845901_726570.

6.2 基于条件价值分析法的海岸带严格保护区生态补偿标准研究

6.2.1 调查方案设计

6.2.1.1 调查对象范围确定

为加强保护广东省海岸带内生态环境重要、生态敏感性高的区域，划定了国家级和省级自然保护区，这些自然保护区生态环境保护的受益者应该是全国甚至全球人民。考虑本研究的重点在于省级海岸带保护生态补偿政策的研究，故仅考虑省域内受益者的支付意愿的调查。因此，本次条件价值分析法对海岸带严格保护区生态补偿标准的研究重点调查广东省内公众对海岸带严格保护区的生态补偿态度。

6.2.1.2 调查问卷设计

（1）问卷设计

问卷设计方法同地区间海岸带保护生态补偿支付意愿调查问卷，在 CVM 核心问题的设计中，仍采用二分法选择问卷，详见图 6-1。

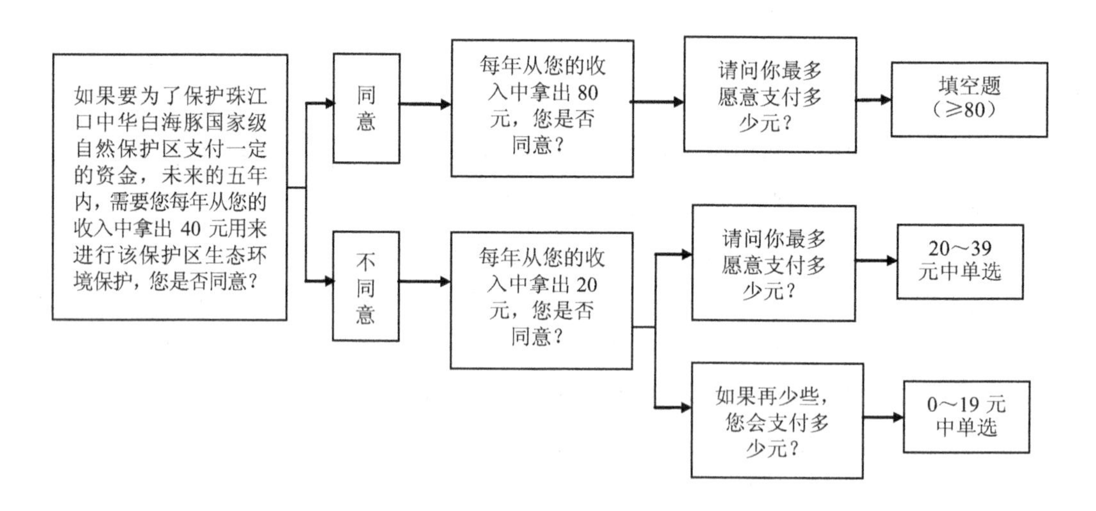

图 6-1　本研究海岸带严格保护区的二分法 WTP 核心问题

（2）预调查

在正式开展问卷调查前，需进行预调查，主要目的在于检测调查问卷的实际调查效果，及时调整和修正调查问卷，进一步提高调查问卷和调查方案的合理性、一般性和逻辑性。因此，本研究在 2020 年 6 月进行了二分法 CVM 支付意愿调查问卷的预调查，获得预调查问卷 70 份，根据预调查所获得的平均支付意愿，调整调查问卷的支付意愿起点为 40 元/a。

（3）调查问卷内容

经调整后，本研究中《广东省海岸带自然保护区生态补偿支付意愿调查问卷》主要包括三部分，第一部分为受访者对海洋和海岸线保护和生态补偿问题的认识，主要包括 11 个问题，包括对广东省海洋和海岸线保护现状、海洋和海岸线保护重要性的认识，与海洋和海岸带保护区的地理关系、社会关系等，均为单选题；第二部分为受访者对海岸带自然保护区生态补偿的支付意愿调查，包括 9 个问题，其中前 5 个问题为 CVM 调查的核心问题，同时调查受访者的支付方式和补偿资金用途倾向以及零支付意愿的原因；第三部分为受访者个人的社会经济地理属性，包括 6 个问题，主要询问受访者的性别、年龄、文化程度、职业、个人收入和捐赠习惯。调查问卷详见附件 2，问卷主要内容见表 6-2。

表 6-2　广东省海岸带自然保护区生态补偿支付意愿调查问卷主要内容

问卷内容	序号	调查问题题目	题目类型
受访者对海岸带生态环境保护和生态补偿问题的认识	1	您的所在区域？	单选题
	2	您认为海岸带自然保护区重要吗？	单选题
	3	您认为有没有必要将具有珍稀动植物或者重要生境的海洋和海岸带区域设立保护区并进行严格保护呢？	单选题
	4	您对广东省海洋和海岸带当前的保护与开发状况如何评价？	单选题
	5	您认为政府有必要进一步加强海洋和海岸线保护并出台相关政策吗？	单选题
	6	您认为海洋和海岸线保护除了能产生经济效益外，还具有调节当地水资源和水动力的生态效益吗？	单选题
	7	您认为海洋和海岸线保护除了能产生经济效益外，还具有增强环境容量的生态效益吗？	单选题
	8	您认为海洋和海岸线保护除了能产生经济效益外，还具有维持生物多样性的生态效益吗？	单选题
	9	您认为海洋和海岸带生态环境破坏对子孙后代今后的生活有直接影响吗？	单选题
	10	2019 年，您本人到滨海湿地公园、海洋自然保护区等保护区的游玩次数是多少？	单选题
	11	您目前居住地与海边的距离是？	单选题
CVM 核心问题	12	如果要为了保护珠江口中华白海豚国家级自然保护区支付一定的资金，未来的五年内，需要您每年从您的收入中拿出 40 元用来进行该保护区生态环境保护，您是否同意？	单选题
	13	每年从您的收入中拿出 80 元，您是否同意？	单选题
	14	请问你最多愿意支付多少元？	填空题

问卷内容	序号	调查问题题目	题目类型
CVM 核心问题	15	每年从您的收入中拿出 20 元，您是否同意？	单选题
	16	那么请问您最多愿意支付多少元？	单选题
	17	如果再少些，您会支付多少元？	单选题
	18	您会选择以下哪种支付方式？	单选题
	19	请选择您拒绝支付的原因	单选题
	20	如果您愿意支付一定金额，您希望您的捐款被用在何处？	单选题
受访者社会经济地理属性等信息	21	您的性别是？	单选题
	22	您的年龄是？	单选题
	23	您的文化程度是？	单选题
	24	您的职业是？	单选题
	25	您的个人 2019 年全年的总收入是？	单选题
	26	过去五年，您是否曾进行生态环境保护相关的捐赠？	单选题

6.2.1.3 问卷调查实施

由于问卷调查的开展恰逢 2020 年新冠疫情防控期，综合考虑疫情防控要求和调查工作需求，本次调查主要采取线上问卷调查的形式开展。

在调查样本的抽样上，采取了分层随机抽样法，在确定广东省全域问卷调查总份数的基础上，根据各地级市常住人口数据进行区域抽样量的分配，利用 IP 归属地设置限定受访者的范围。

6.2.2 调查结果分析

6.2.2.1 受访者的基本情况

本次地区间海岸带保护生态补偿共计回收 825 份有效问卷，从受访者的性别结构看，男女比例分别为 58.18%和 41.82%（图 6-2）；从受访者的年龄结构看，20 岁以下占 17.82%，21～30 岁占 50.30%，31～40 岁占 19.03%，41～50 岁占 5.54%，51～60 岁占 3.76%，60 岁以上占 3.64%（图 6-3）；从受访者的教育结构看，小学及以下占 2.91%，初中占 11.27%，高中（中专）占 21.09%，大学占 61.58%，研究生及以上占 3.15%（图 6-4）；从受访者的职业结构看，农民占 4.85%，普通工人占 21.58%，管理人员、医生、教师和公务员占 15.03%，军人占 2.42%，个体户占 10.06%，商业、服务业从业人员占 16.73%，退休人员占 4.97%，学生占 22.06%，其他职业占 2.30%（图 6-5）；从受访者的收入结构看，年度总收入不足 1 万元的占 21.94%，年度总收入 1 万～2 万元的占 10.42%，年度总收入 2 万～4 万元的占 14.42%，年度总收入 4 万～6 万元的占 16.61%，年度总收入 6 万～8 万元的占 13.09%，年度总收入 8 万～10 万元的占 12.61%，年度总收入 10 万～12 万元的占 4.24%，年度总收入 12 万～15 万元的占 2.42%，年度总收入 15 万～20 万元的占 2.91%，年度总收入高于 20 万元的占 1.34%（图 6-6）；从受访者的捐赠习惯看，过去五年曾进行生态环境保护相关捐赠的占 25.70%，过去五年未曾进行生态环境保护相关捐赠的占 54.67%，不确定的占 19.64%（图 6-7）。

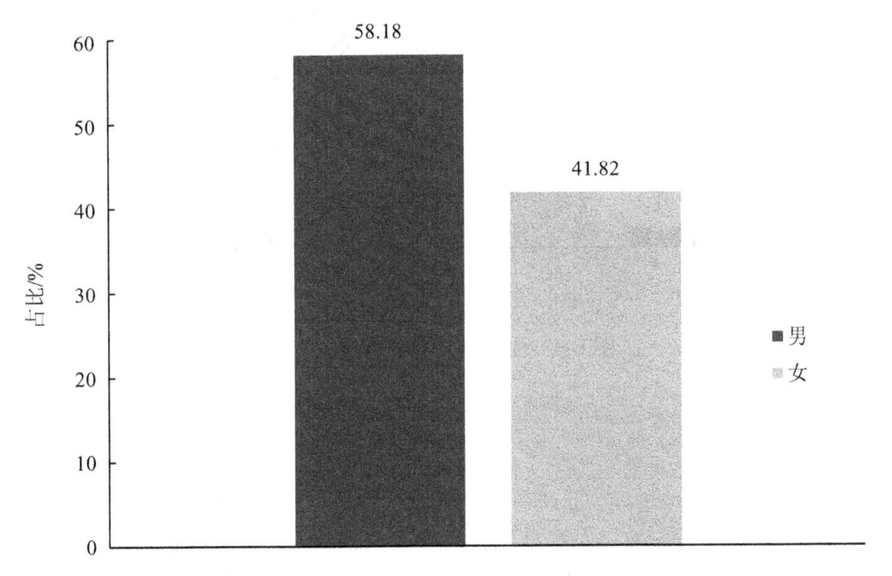

图 6-2　受访者性别结构情况

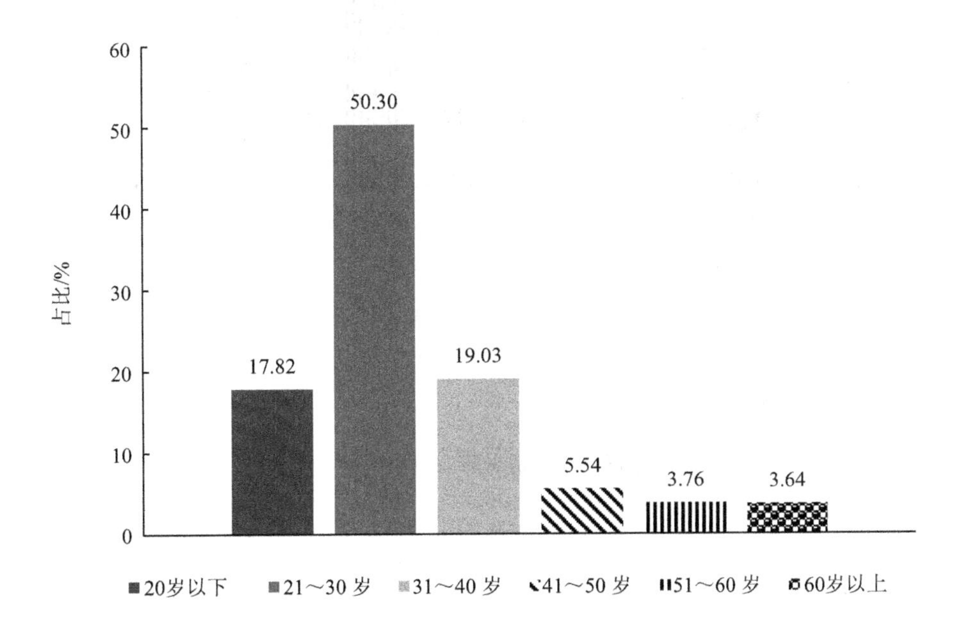

图 6-3　受访者年龄结构情况

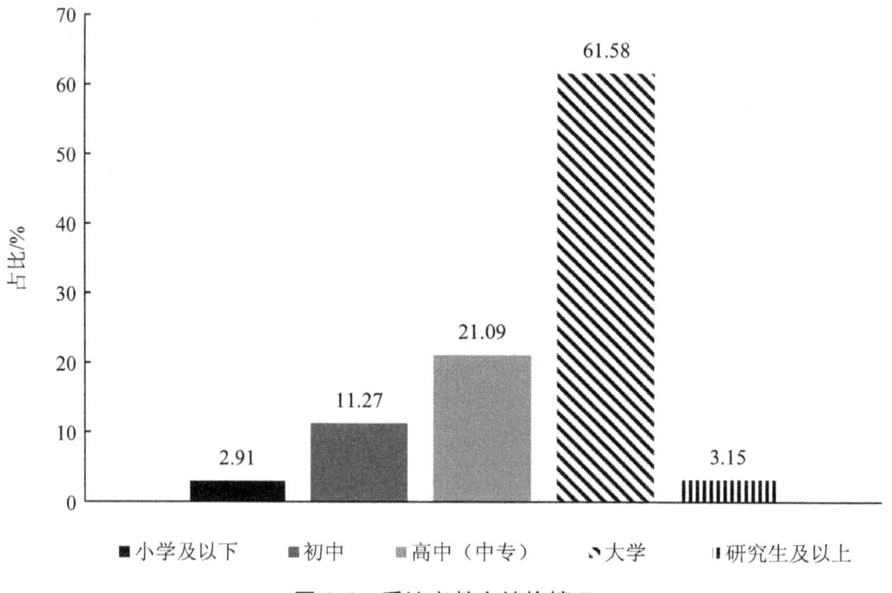

图 6-4　受访者教育结构情况

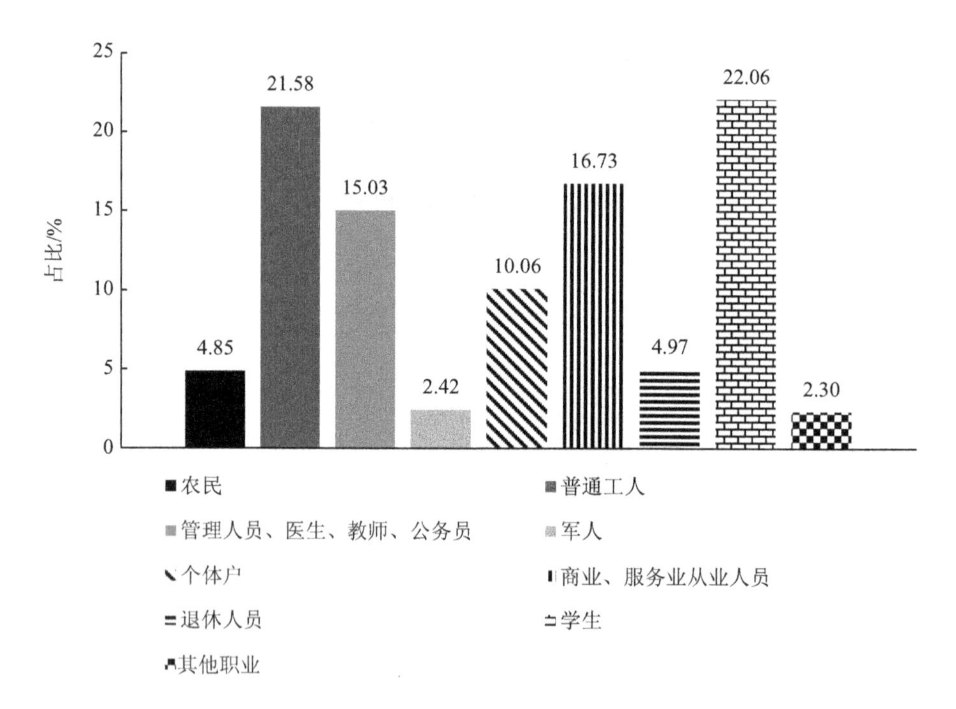

图 6-5　受访者职业结构情况

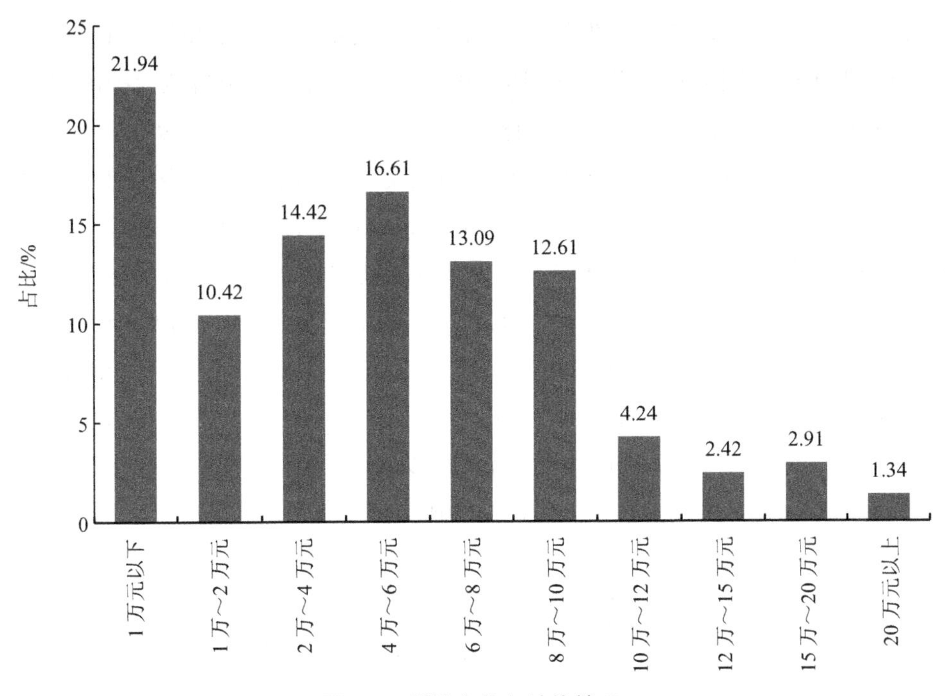

图 6-6　受访者收入结构情况

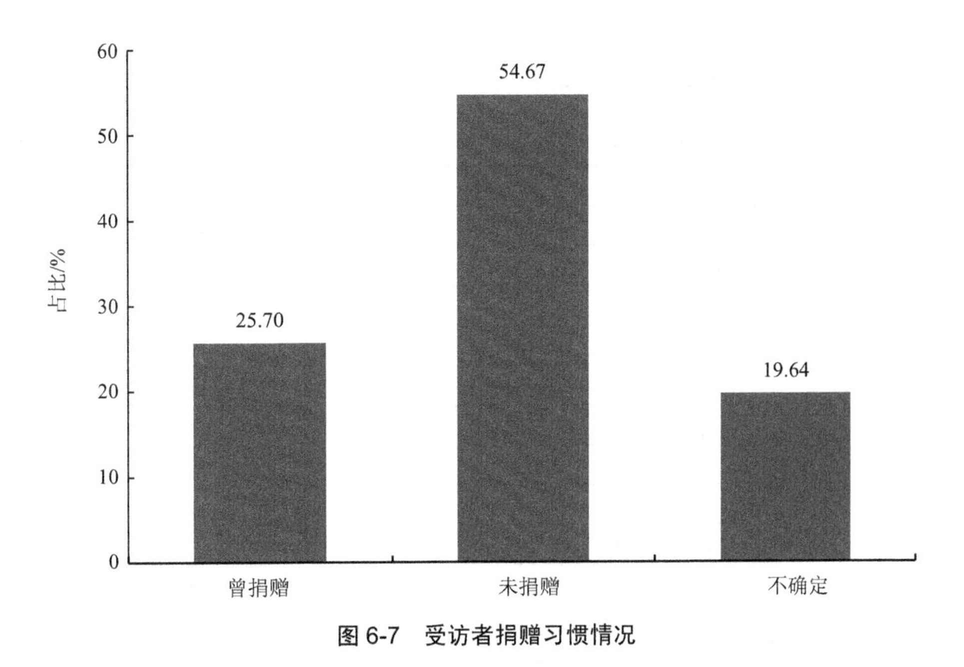

图 6-7　受访者捐赠习惯情况

6.2.2.2　受访者对海岸带自然保护区保护与补偿的认识

本次问卷调查透过 11 个问题调查了受访者对海岸带自然保护区保护与补偿的认识，

主要包括了受访者与海岸带自然保护区之间的地理关系（问题 1 和问题 11）、受访者与海岸带自然保护区之间的社会关系（问题 10）、受访者对海岸带自然保护区的认识（问题 2～问题 8）和受访者自身与海岸带自然保护区关系的认识（问题 9）。

其中，受访者与海岸带自然保护区之间的地理关系相关问题的调查结果显示（表 6-3、图 6-8）：本次调查的 825 个受访者中，有 75.7%来自广东省 14 个沿海地市，另外 24.3%来自非沿海地市，这与目前全省常住人口分布情况基本吻合。受访者的居住地与海边的距离，车程 0.5 h 以内的占 10.91%，车程 0.5～1 h 的占 17.94%，车程 1～2 h 的占 29.45%，车程 2～3 h 的占 20.12%，车程 3 h 以上的占 15.64%，没去过海边且不清楚距离的占 5.94%。可见，广东省海岸带所在地级市的常住人口约占全省人口的 3/4，大多数居民均到访过海边，且 70%左右的人口与海边的距离在 2 h 车程以内，可见，广东省海岸带为全省大多数人口提供了包括旅游、休憩等在内的生态系统服务。

表 6-3　受访者区域分布情况

区域		占比/%		样本量/个	
沿海	潮州	3.76	75.7	31	624
	汕头	3.76		31	
	揭阳	3.76		31	
	汕尾	3.76		31	
	惠州	4.97		41	
	深圳	4.97		41	
	东莞	4.97		41	
	广州	4.97		41	
	中山	5.58		46	
	珠海	15.76		130	
	江门	5.09		42	
	阳江	4.61		38	
	茂名	5.09		42	
	湛江	4.61		38	
非沿海	佛山	4.97	24.3	41	201
	肇庆	4.97		41	
	梅州	2.91		24	
	清远	2.91		24	
	河源	2.91		24	
	韶关	2.91		24	
	云浮	2.79		23	
合计		100.00		825	

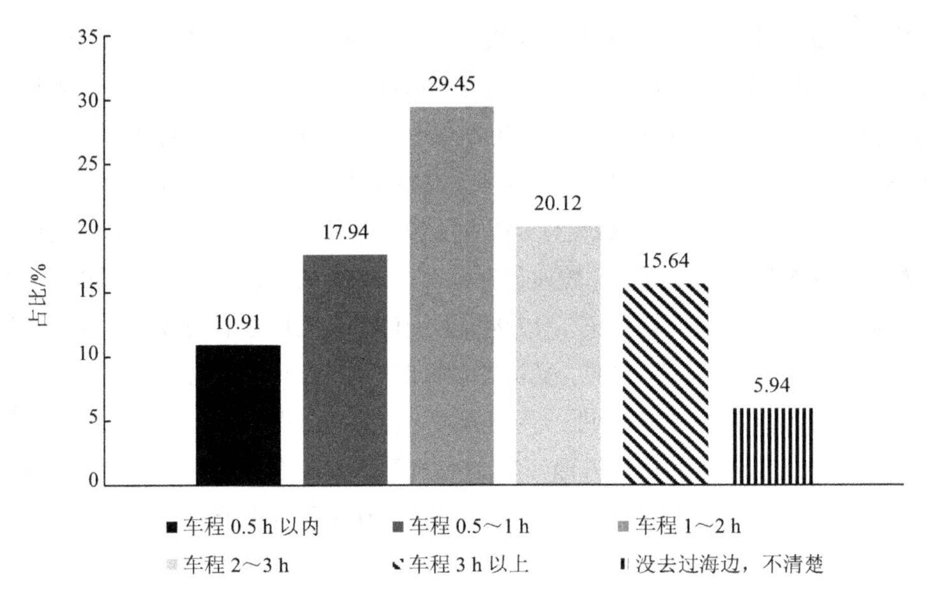

图 6-8　受访者与海边距离分布情况

其中，受访者与海岸带自然保护区之间的社会关系相关问题的调查结果显示（图 6-9）：2019 年，从未到海边游玩的受访者占 40.00%，曾到海边游玩的受访者占 60.00%，其中游玩 1 次的占 25.09%、2 次的占 18.91%、3 次及以上的占 16.00%。可见，由于与海边的地理距离较短，广东省居民与海边的社会距离也较亲近。

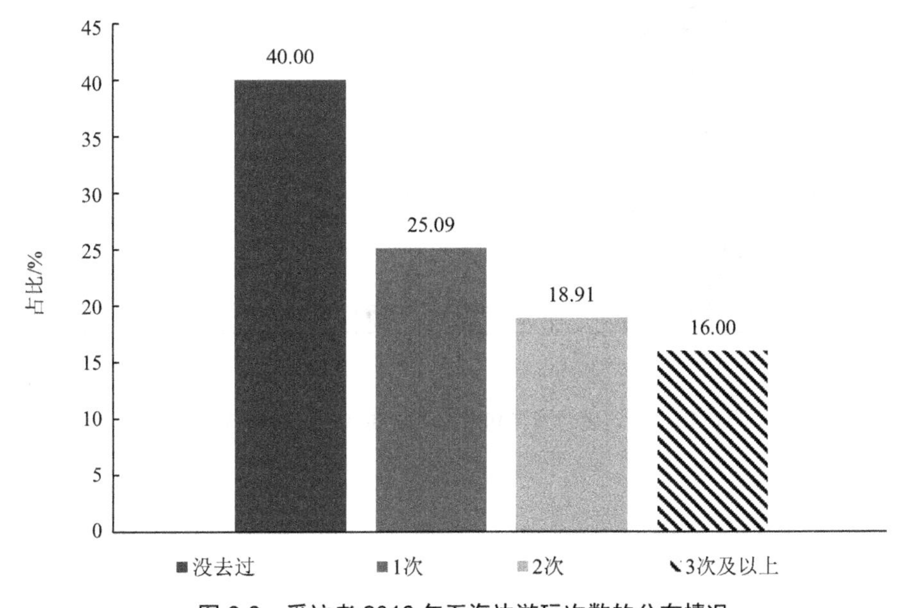

图 6-9　受访者 2019 年至海边游玩次数的分布情况

其中，受访者对海岸带自然保护区的认识相关问题的调查结果显示（图 6-10～图 6-14）：① 大多数受访者均认同海岸带自然保护区的重要性，仅 0.48%的受访者认为海岸带自然保护区不重要。② 大多数受访者认为有必要将具有珍稀动植物或者重要生境的海洋和海岸带区域设立保护区并进行严格保护，仅 3.39%的受访者认为可有可无，1.33%的受访者认为没有必要。③ 除 12.12%的受访者不做评价外，28.73%的受访者认为广东省海洋和海岸带“保护得很好，生态环境质量良好”，41.21%的受访者认为广东省海洋和海岸带“保护较好，生态环境质量较好”，17.94%的受访者认为广东省海洋和海岸带“过度开发，生态环境质量受损明显”，可见，受访者对目前广东省海岸带保护状况相对比较认可。④ 超过 80%的受访者认为有必要进一步加强海洋和海岸带保护并出台相关政策。⑤ 在对海洋和海岸带的生态效益的认识方面，73.21%的受访者认为海洋和海岸带具有调节当地水资源和水动力的生态效益，75.76%的受访者认为海洋和海岸带具有增强环境容量的生态效益，76.00%的受访者认为海洋和海岸带具有维持生物多样性的生态效益，可见，海洋和海岸带的生态效益获得较普遍的认同。

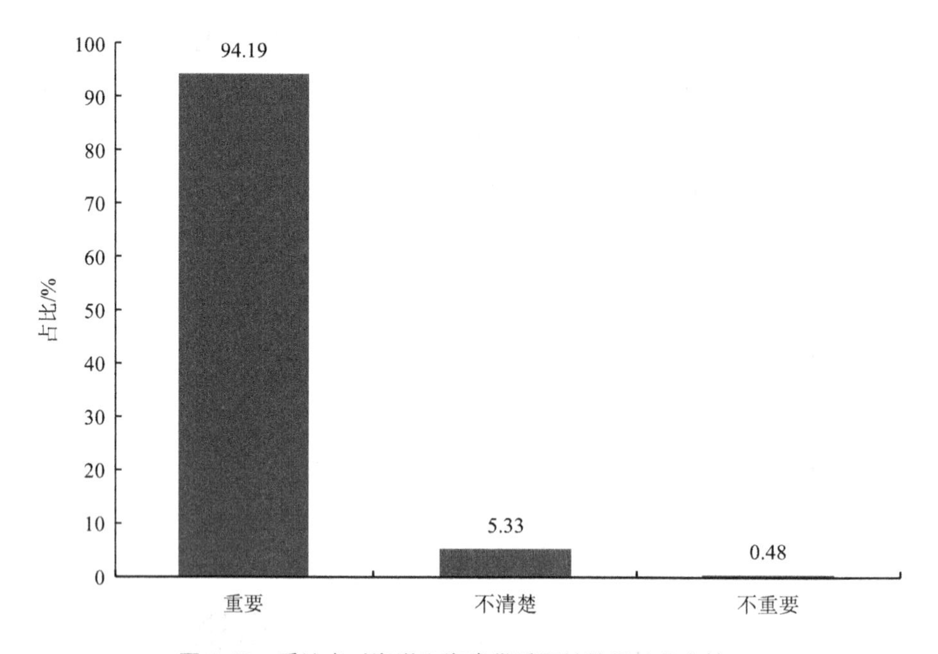

图 6-10 受访者对海洋和海岸带重要性认识的分布情况

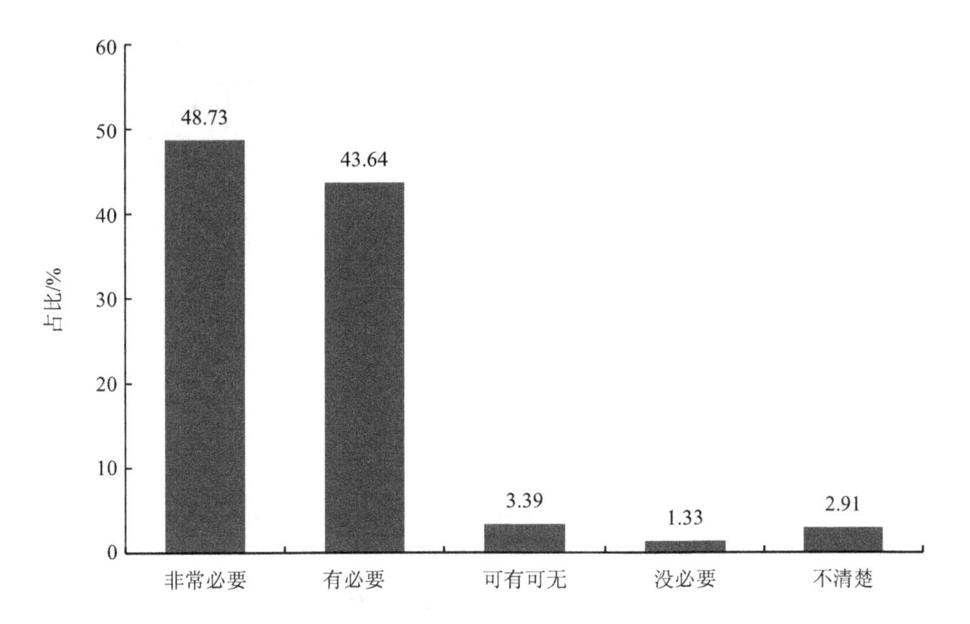

图 6-11　受访者对设立海洋和海岸带严格保护区必要性认识的分布情况

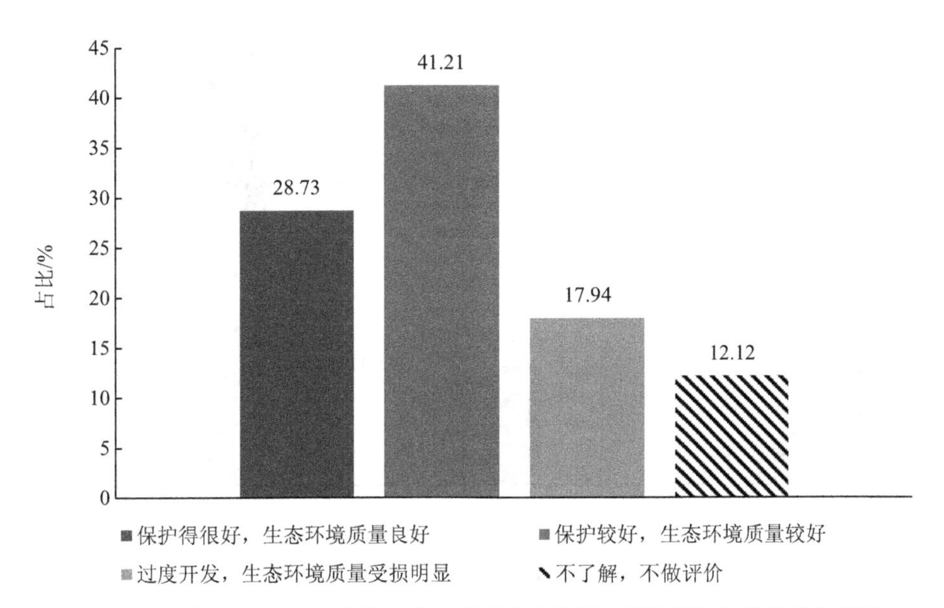

图 6-12　受访者对广东省海洋和海岸带当前的保护与开发状况评价的分布情况

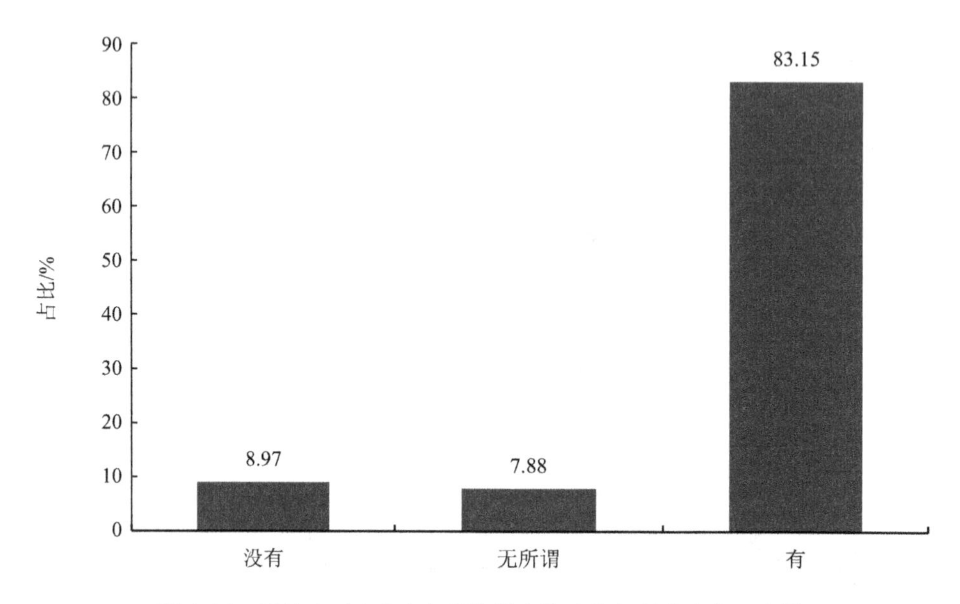

图 6-13　受访者对广东省加强海洋和海岸线保护态度的分布情况

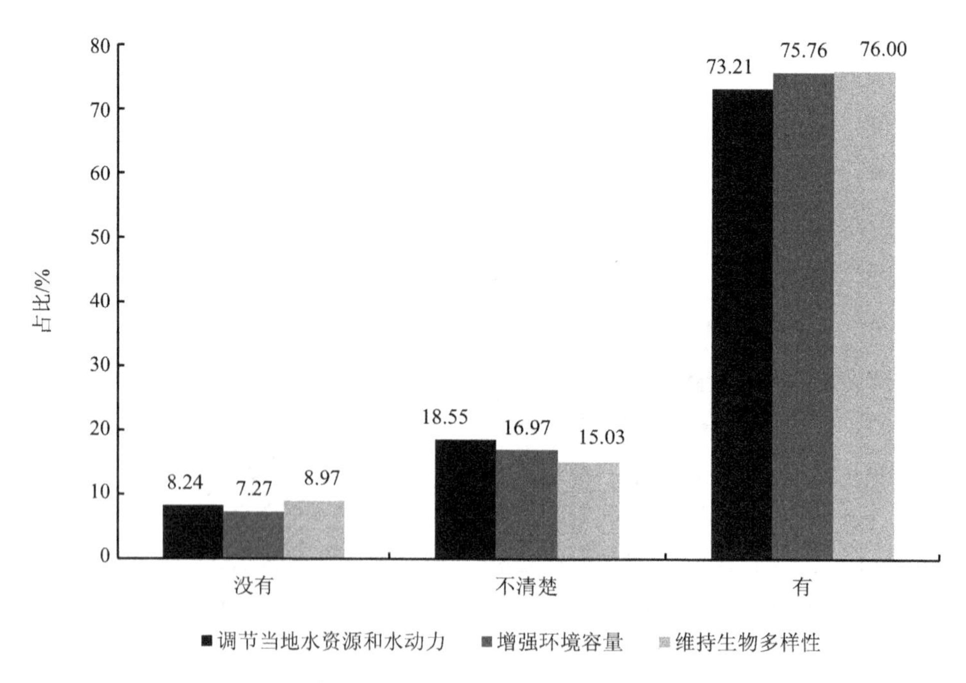

图 6-14　受访者对海洋和海岸带生态效益认识的分布情况

其中，受访者对自身与海岸带关系相关问题的调查主要从海洋和海岸带生态环境破坏对子孙后代的生活是否存在直接影响考量，结果显示（图 6-15），认为对子孙后代的生活影响很大的占 65.70%，有一些影响的占 24.24%，仅 6.30%的受访者认为对子孙后代的

生活没有影响或影响很小。

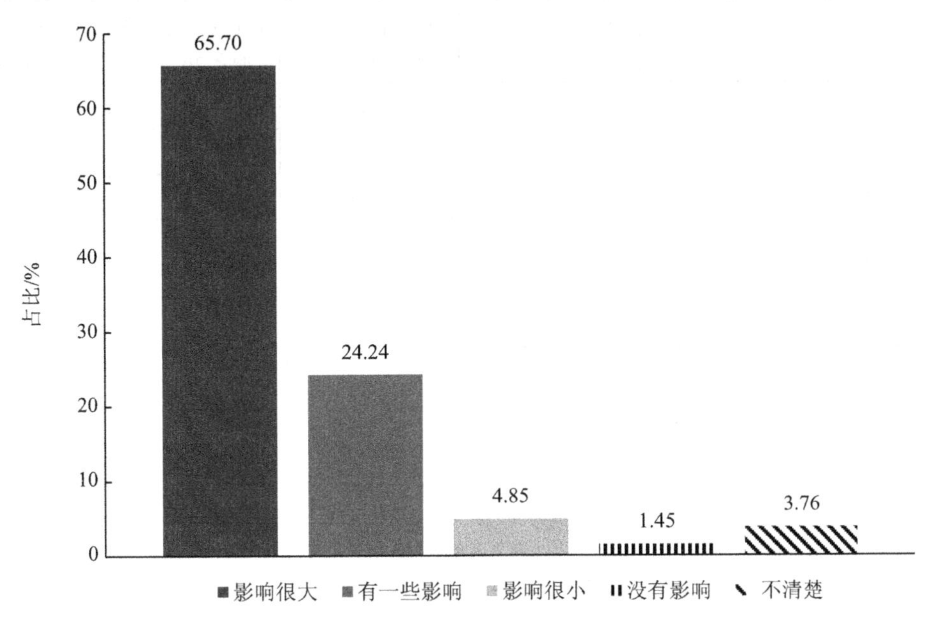

图 6-15　受访者认为海洋和海岸带生态环境破坏对后代影响的分布情况

6.2.2.3　受访者对海洋和海岸带保护区生态补偿的态度

本次问卷调查透过 9 个问题调查了受访者对海洋和海岸带保护区补偿支付意愿的情况，主要包括受访者对海洋和海岸带保护区生态补偿的支付意愿（前 5 个问题）、受访者对海洋和海岸带保护区生态补偿资金支付与使用的态度，以及拒绝支付的原因等。

受访者中同意未来五年内每年从其收入中拿出 80 元及以上用于海洋和海岸带保护区生态环境保护的占 55.2%，此部分受访者的平均支付意愿为 413.7 元/a；受访者中同意未来五年内每年从其收入中拿出不低于 40 元且不高于 79 元用于海洋和海岸带保护区生态环境保护的占 16.4%，此部分受访者的平均支付意愿为 59.2 元/a；受访者中同意未来五年内每年从其收入中拿出不低于 20 元且不高于 39 元用于海洋和海岸带保护区生态环境保护的占 7.8%，此部分受访者的平均支付意愿为 31.7 元/a；受访者中同意未来五年内每年从其收入中拿出不高于 19 元用于海洋和海岸带保护区生态环境保护的占 12.5%，此部分受访者的平均支付意愿为 5.5 元/a；不愿意支付的受访者共 67 人，占 8.1%。从整体看，全部受访者的平均支付意愿为 241.0.0 元/a，其中 757 位非零支付意愿受访者的平均非零支付意愿为 262.3 元/a（表 6-4、图 6-16）。

表 6-4 受访者对海洋和海岸带保护区生态补偿的支付意愿调查结果

支付意愿性质	支付意愿≥80 元/a	40 元/a≤支付意愿＜80 元/a	20 元/a≤支付意愿＜40 元/a	0 元/a＜支付意愿＜20 元/a	支付意愿＝0 元/a
选择人数/个	455	135	64	103	67
选择比例/%	55.2	16.4	7.8	12.5	8.1
平均支付意愿/（元/a）	413.7	59.2	31.7	5.5	0
	241.0				
平均非零支付意愿/（元/a）	262.3				

注：出现一位受访者的支付意愿为 18 888 888 元/a，对此异常高值进行剔除处理。

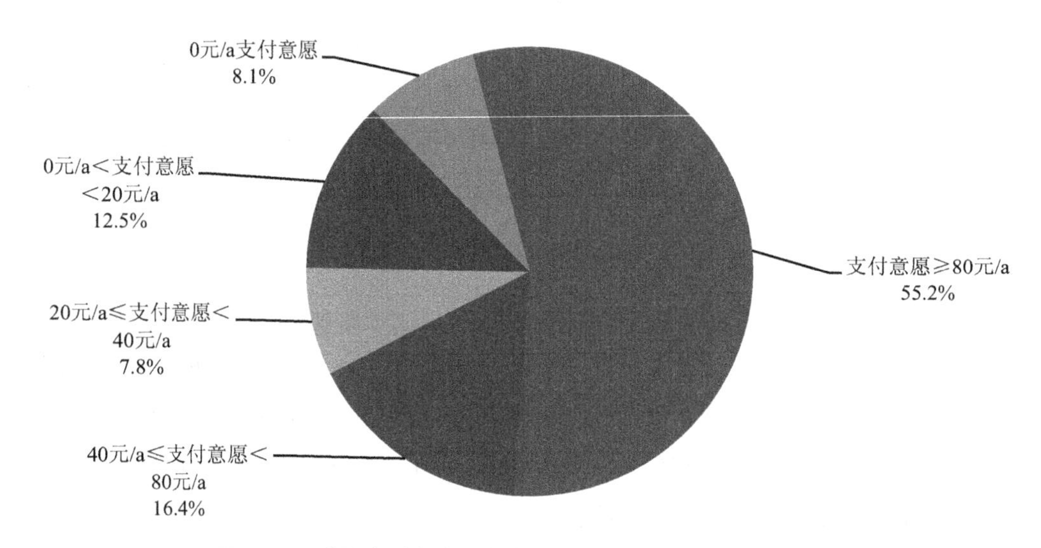

图 6-16 受访者对海洋和海岸带保护区的支付意愿分布情况

注：出现一位受访者的支付意愿为 18 888 888 元/a，对此异常高值进行剔除处理。

其中，愿意为海岸带补偿支付的 758 位受访者中，34.96%愿意通过向由政府设立并管理的保护基金进行支付，29.29%希望通过税收进行支付，24.67%希望采用捐款进行支付，而选择向由非政府组织设立并管理的保护基金和义务劳动等形式支付的受访者约占 11.08%（图 6-17）。

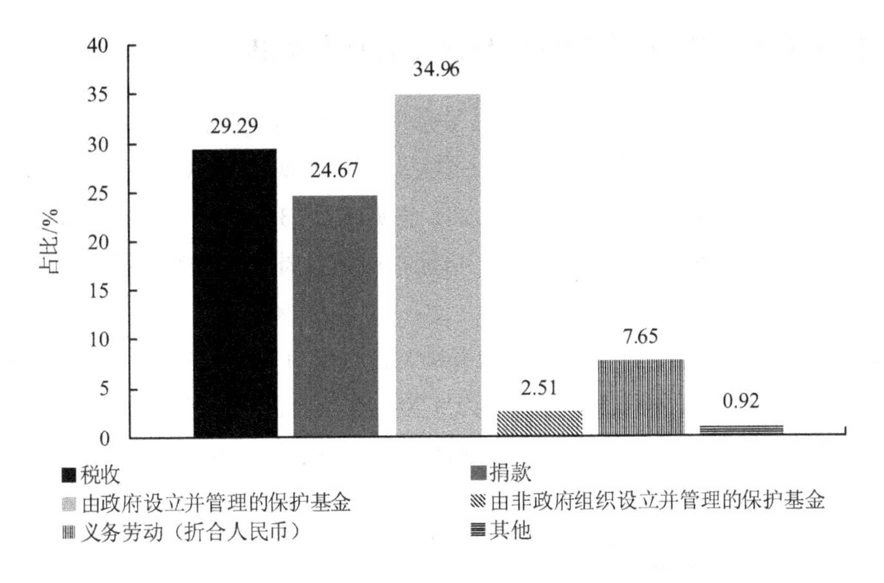

图 6-17　受访者对支付方式的选择分布情况

持零支付意愿的 67 位受访者，其拒绝支付的原因主要包括目前没有能力支付这些费用、担心其支付的钱不会用到保护区保护中和认为不应该由普通居民承担费用（图 6-18）。

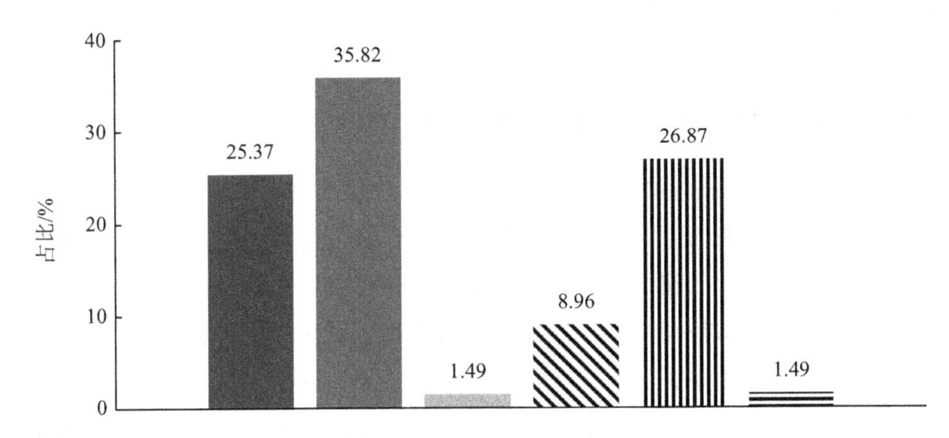

图 6-18　受访者拒绝支付原因的分布情况

6.2.3 基于 CVM 的海岸带严格保护区生态补偿标准

由于全省人民均是海岸带严格保护区生态环境保护的受益者，因此，采用其平均支付意愿核算全省海岸带严格保护区生态补偿总规模。根据《广东统计年鉴 2019》，全省 2018 年年底常住人口总规模为 1.134 6 亿人。根据 5.2.2.3 调查所获得的平均支付意愿和平均非零支付意愿分别核算全省海岸带严格保护区生态补偿资金总规模为 273.4 亿元/a 和 297.6 亿元/a。

广东省海岸带严格保护区（国家级和省级）总面积为 319 706.74 hm^2。在平均支付意愿下，海岸带严格保护区的生态补偿标准为 5 701.06 元/（亩·a）；在平均非零支付意愿下，海岸带严格保护区的生态补偿标准为 6 205.69 元/（亩·a）（表 6-5）。

表 6-5 基于 CVM 的广东省海岸带严格保护区生态补偿标准测算结果

类型	支付意愿/（元/a）	生态补偿总规模/（亿元/a）	生态补偿标准/［元/（亩·a）］
平均支付意愿	241.0	273.4	5 701.06
平均非零支付意愿	262.3	297.6	6 205.69

6.3 基于损失补偿法的海岸带严格保护区生态补偿标准研究

6.3.1 海岸带严格保护区保护直接成本核算方法研究

参考《海洋保护区生态补偿评估技术导则》（征求意见稿）和《海洋保护区生态补偿标准评估技术与示范》中的方法，构建基于损失赔偿法的海岸带严格保护区补偿标准核算方法。根据保护区是否已建立，可以将海岸带严格保护区生态补偿分为两类，一是新建海岸带严格保护区生态补偿，二是已建海岸带严格保护区生态补偿。新建海岸带严格保护区生态补偿包括直接损失、保护区建设与管护成本、区域发展机会成本三部分。已建海岸带严格保护区生态补偿包括保护区建设与管护成本、区域发展机会成本两部分。

6.3.1.1 直接损失评估

直接损失分为个人直接损失和企业直接损失。

（1）个人直接损失

个人直接损失指因海岸带严格保护区建设与保护导致个人土地或海域被占用的直接损失。

耕地占用的补偿费用包括土地补偿费、安置补助费以及地上附着物和青苗的补偿费，具体参照《中华人民共和国土地管理法》第四十七条实施。其他土地占用的补偿费用包括土地补偿费和安置补助费，具体参照征收耕地的土地补偿费和安置补助费的标准规定。

《中华人民共和国海域使用管理法》第三十条规定："因公共利益或者国家安全需要，经原批准用海的人民政府批准，可以收回使用权。"规定对在海域使用权期满前收回海域使用权的，对海域使用人应当给予相应的补偿，但未规定补偿标准。

参照《福建省海域使用补偿办法》，收回海域使用权，应当支付海域补偿费、种苗补偿费和海域附着物补偿费。海域补偿费等于海域补偿标准基数乘以海域等级系数。海域补偿标准基数和海域等级系数，由省人民政府根据用海类型、海域使用权价值、用海需求情况、对海域生态环境所造成的影响程度、国民经济发展状况以及社会承受能力等因素确定。海域补偿费由收回海域使用权的人民政府与原海域使用权人协商确定，但不得低于上述标准。种苗补偿费包括苗种成本和在养未成品的合理价值。海域附着物补偿费按照其重置价格并结合成新予以补偿。

（2）企业直接损失

企业直接损失是指企业因海岸带严格保护区建设与保护而造成的损失，包括因关闭、停产所产生的损失，以及因搬迁所产生的迁移损失。企业直接损失的计算主要运用实证调查法进行。对企业因关闭、停产所产生的损失，选取该类企业近三年的平均净利润来计算。对企业因搬迁产生的迁移损失，根据搬迁成本扣除原厂房、设备变现价值及政府给予的拆迁补偿的差额来计算。

6.3.1.2　建设与管护成本评估

（1）建设成本

海岸带严格保护区建设成本主要包括办公场所及附属设施的建设费用、管护设施的建设费用、通信及网络设施的建设费用以及保护区相关工作设备等的购置费用，具体如下：

1）办公场所及附属设施的建设费用。以满足日常办公、管理需要为原则。办公用房面积按国家有关规定执行。应按管理人员人数配置办公桌椅、计算机等，并配备资料柜等管理设施。

2）管护设施的建设费用。管护设施主要包括巡护道路、保护管理站、巡护监护瞭望塔（台）、巡护码头、界碑、界桩及海上界址浮标、管护围栏、大门等。

3）通信及网络设施的建设费用。通信、信息管理等基础设施是开展保护区管护工作的必需手段。

4）保护区相关工作设备的购置费用。包括日常巡护、现场勘查需要的车辆、船只等。

拟建保护区建设成本参考保护区功能区划报告中投资预算中相关部分的经费预算进行核算，也可以按照目前海岸带严格保护区单位面积的平均建设投入和保护区面积计算。

（2）管理保护成本

保护区管理保护成本是指保护区管理部门在一定时期内，为履行行政职能、实现行政目标，在行政管理活动中所支付的费用的总和，包括保护区管理局在行政过程中发生的各种费用，以及由其所引发的当前和未来一段时间内的间接负担，是保护区管理部门为维持自身运转而形成的消费性（非生产性）支出。海洋保护区维持与运营成本包括保护区管理人员、巡扩人员工资费用，保护区生态修复费用，科研监测费用，宣传教育费用，维护费用，野生动植物救治费用，办公费等。按照保护区管理所需的人力、物力进行成本核算。

1）保护区管理人员、巡护人员工资费用。

2）保护区生态修复费用。因台风、风暴潮等自然原因，保护区可能遭到破坏，造成岸线侵蚀、植被破坏等；此外，人为干扰、外来物种入侵、病虫害等因素可能导致保护区生态系统受损退化，需要进行生态修复。

3）科研监测费用。定期开展针对生态环境、资源、自然生态灾害、开发利用活动、外来物种入侵、区内旅游活动等内容的科研监测活动：① 自然地理要素的监测，包括地质地貌、气候气象、水文等；② 动植物群落及区系的调查与研究；③ 底栖动物、鱼类、鸟类等优势种群分布及其生物生态学研究；④ 植被的数量、分布与动态规律的调查和研究；⑤ 土地利用状况的调查和调整研究；⑥ 社会经济状况调查。

4）宣传教育费用。宣传教育的主要目的是让人们了解保护区，认识到保护区中维持生物多样性的重要性。保护区管理处及相关部门通过各种手段（包括电视、报纸、杂志、网络等）宣传保护区内的景观资源及野生动植物资源，采取多种形式定期对学生、当地社区居民开展环境教育活动，因为保护区内的居民是保护参与的主体，适当进行教育能让其更好地融入保护事业中。有条件的保护区可以为来保护区的访问者（含游客）提供接受生态环境保护教育和科普知识宣传的场所及宣传材料等，并设置户外宣传牌，为开展科普宣传教育打好基础。

5）维护费用。包括道路、办公场所及其附属设施、管护设施、工作设备等的维护费用，车辆、船只的燃料动力费。

6）野生动植物救治费用。当保护区中野生动植物如（白海豚、珍稀鸟类等）遭遇疾病（病虫害）或意外伤害时，需要对其进行救治及保护。

7）办公费。办公场所的水电费、必要的邮电费、工作人员差旅费、会议费等。

6.3.1.3　区域发展机会成本评估

参考《海洋保护区生态补偿评估技术导则》（征求意见稿）和赖敏等[107]的研究中的方法构建基于机会成本法的海岸带保护区严格保护补偿标准。

海洋保护区建设的机会成本补偿金额等于因海洋保护区建设占用土地、海域而导致区域经济发展的损失，计算公式如下：

$$C=\sum_{j}\sum_{i}(G_j\times S_{ij}\times\lambda_j\times\gamma_{ij}) \tag{6-1}$$

式中，C——海洋保护区建设的机会成本补偿金额；

i——海洋保护区的分区类型（海洋自然保护区包括核心区、缓冲区和实验区，海洋特别保护区包括重点保护区、适度利用区、生态与资源恢复区和预留区）；

j——资源占用情况（分为土地占用情况和海域占用情况）；

G_j——机会成本补偿基数，土地占用情况下的机会成本补偿基数等于全省沿海市县的平均 GDP 与收益系数的乘积，海域占用情况下的机会成本补偿基数等于全省沿海市县的海均 GOP 与收益系数的乘积；

S_{ij}——海洋保护区第 i 个分区类型的土地面积或海域面积；

λ_j——区域调整系数，反映所在地的自然条件和社会经济状况，参照财政部、原国土资源部制定的《用于农业土地开发的土地出让金收入管理办法》中的土地等别划分和土地出让平均纯收益标准来确定土地占用情况下的区域调整系数，参照财政部、国家海洋局制定的《海域使用金征收标准》中的海域等别划分和海域使用金征收标准来确定海域占用情况下的区域调整系数；

γ_{ij}——分区补偿系数，用于衡量海洋保护区不同分区类型（海洋自然保护区包括核心区、缓冲区和实验区，海洋特别保护区包括重点保护区、适度利用区、生态与资源恢复区和预留区）的保护与建设活动对陆域或海洋产业的机会损失程度，通过专家打分法获得。

6.3.2　海岸带严格保护区生态补偿标准核算

选取广东珠江口中华白海豚国家级自然保护区作为案例，核算基于损失赔偿法的海岸带严格保护区生态补偿标准。由于广东珠江口中华白海豚国家级自然保护区属于已建保护区，不涉及直接损失，生态补偿评估范围仅包括保护区建设与管护成本、区域发展机会成本两部分。

6.3.2.1 保护区建设与管护成本核算

广东珠江口中华白海豚国家级自然保护区成立之后，白海豚保护基地也随之落户珠海淇澳岛，于 2008 年 5 月 6 日正式动工。该基地占地面积 8 675 m^2，主体建筑由办公楼、综合楼以及白海豚救护中心三部分组成，投资 1 100 万元。其中救护中心建筑面积 2 000 m^2，包括暂养池、恢复池和救护池三部分，接收到的病海豚可在此集中养护。

2017 年 1 月 18 日，广东省发展改革委批复同意建设广东珠江口中华白海豚国家级自然保护区白海豚救护保育基地项目，项目位于珠海市淇澳岛关帝湾，广东珠江口中华白海豚国家级自然保护区海域西北侧，已建广东珠江口中华白海豚国家级自然保护区管理局办公区东侧海域，项目总投资 5 482.59 万元。白海豚救护保育基地目前正在建设之中，是一个集救护、科研、宣教、管理于一体的现代化基地，其主要功能包括拯救中华白海豚及其他鲸豚类动物、对救治痊愈的中华白海豚进行放归前的野化训练等。

根据广东珠江口中华白海豚国家级自然保护区管理局 2018 年收入支出决算批复表，2018 年支出合计 1 019.06 万元，包括基本支出 380.16 万元、项目支出 638.89 万元。基本支出中包含人员经费 356.98 万元、公用经费 10.24 万元及其他费用；项目支出包括增殖放流鱼苗采购费用 40 万元、中华白海豚调查与评估技术研究项目采购费用 145 万元等。保护区收入主要来源于财政拨款和其他收入。

综上，广东珠江口中华白海豚国家级自然保护区建设成本为 6 582.59 万元，维持与运营成本约 1 019.06 万元/a。

6.3.2.2 区域发展机会成本核算

由于广东珠江口中华白海豚国家级自然保护区范围全部为海域，仅考虑海域占用的情况。

（1）补偿基数

海域占用情况下的机会成本补偿基数等于全省沿海市县的海均 GOP 与收益系数的乘积。参照《2018 年广东省海洋经济发展报告》，2018 年广东省海洋生产总值 1.93 万亿元；参照《广东统计年鉴 2019》，广东省海域面积为 41.9 万 km^2，计算得到 2018 年广东省海均 GOP 为 460.62 万元/km^2；2018 年广东省 GDP 为 97 277.77 亿元，一般公共预算收入为 12 105.255 2 亿元，计算得到 2018 年收益系数为 12.44%；由此计算得到，2018 年海域占用情况下的机会成本补偿基数为 57.32 万元/km^2。

（2）区域调整系数

珠海市海域为二等海域，根据赖敏等的《基于机会成本法的海洋保护区生态保护补偿标准》中的研究成果，二等海域区域调整系数为 1.31。

（3）分区补偿系数

根据赖敏等的研究成果，海域占用情况下的分区补偿系数分别为核心区 1.00、缓冲区 0.69、实验区 0.38。广东珠江口中华白海豚国家级自然保护区核心区面积 140 km^2，缓冲区面积 192 km^2，实验区面积 128 km^2。

综合以上数据，2018 年广东珠江口中华白海豚国家级自然保护区区域机会成本计算过程和结果如下：

C = 57.32 万元/km^2×（140 km^2×1+192 km^2×0.69+128 km^2×0.38）×1.31 = 24 112.64 万元。

2018 年广东珠江口中华白海豚国家级自然保护区单位面积区域机会成本为 52.42 万元/km^2。

6.3.2.3　基于损失赔偿法的保护区补偿标准

根据前文计算，广东珠江口中华白海豚国家级自然保护区建设成本约 6 582.59 万元，维持与运营成本约 1 019.06 万元/a，区域发展机会成本约 24 112.64 万元/a。由于广东珠江口中华白海豚国家级自然保护区建设成本均由省级财政承担，保护区管理局用地由所在地政府无偿提供，因此，保护区的建设成本不纳入生态补偿范围，广东珠江口中华白海豚国家级自然保护区等已建海岸带保护区的生态补偿金标准由其保护区维护成本以及区域发展机会成本决定。综上所述，广东珠江口中华白海豚国家级自然保护区应获得的生态补偿资金规模应为 25 131.7 万元/a，其生态补偿标准应为 364.23 元/（亩·a）。

6.4　小结

本章分别利用条件价值法和损失补偿法对海岸带严格保护区生态补偿标准进行研究，获得的海岸带严格保护区生态补偿标准核算结果分别为 5 701.06 元/（亩·a）和 364.23 元/（亩·a），前者为后者的 15.7 倍。

两类方法所获得的海岸带严格保护区生态补偿标准结果之所以存在较大的差距，主要原因在于：其一，利用条件价值法获得的单个受访者对海岸带严格保护区生态补偿的支付意愿，之后利用全省常住人口获得全省海岸带严格保护区生态补偿总规模的做法，可能存在生态补偿支付主体过大而造成补偿总规模过大的问题。其二，利用损失补偿法测算海岸带严格保护区生态补偿，主要考虑了其维持与运营成本和区域发展机会成本，前者主要收集了保护区管理局这一主体的维持和运营成本，未包括其他主体对保护区及其周围开展的有利于保护的活动成本，造成生态补偿标准偏低。此外，鉴于目前海岸带自然保护区均已获得较多的省级财政资金用于日常运行维护和专项保护工作，此部分应从生态补偿资金中扣减。

第7章

广东省海岸带生态补偿资金收集、使用和管理机制构建研究

7.1 现有生态补偿资金管理模式分析

7.1.1 现有生态补偿资金

7.1.1.1 生态保护区生态补偿

广东省生态保护区现行的生态补偿主要依据为《广东省生态保护区财政补偿转移支付办法》（粤财预〔2019〕78 号）。为健全生态保护补偿机制、落实生态文明建设理念、推进区域协调发展，省财政设立生态保护区财政补偿转移支付。转移支付资金来源包括中央财政下达广东省的重点生态功能区转移支付资金和省财政预算安排用于生态保护补偿的一般性转移支付资金。

生态保护区财政补偿转移支付资金管理规定要求省财政厅依据职责分工，负责加强转移支付资金的分配结果核算、使用情况监督、绩效考核评价、信息依法依规公开等方面的管理。享受转移支付的地区应统筹使用该资金于生态环境保护、改善民生、绿色产业发展等方面，严禁用于国家限制或禁止的项目、政绩工程、形象工程，不得用于超标准装修办公用房、新建馆所楼堂等。同时应加强对生态环境质量的考核评价和资金使用的绩效管理，激发活力，传导压力，切实增强生态环境保护意识。若享受转移支付的地区的生态环境质量变差、治理环境污染不力、发生重大环境污染，应根据实际情况相应减少转移支付资金。

根据《广东省生态保护区财政补偿转移支付办法》，享受转移支付的各县财政部门应按规定，通过各种途径充分公开上级下达生态保护补偿资金数额、使用情况等信息，并将生态保护补偿资金使用情况在每年年底前报送地级及以上市财政部门，市财政部门汇总后报省财政厅备案。

根据《关于清算下达 2018—2019 年生态保护区财政补偿转移支付资金的通知》，将

生态保护区财政补偿转移支付资金列入 2019 年度“一般性转移支付收入——重点生态功能区转移支付收入（1100226）”预算科目。根据《关于安排禁止开发区生态补偿固定补助资金的通知》，将禁止开发区生态补偿固定补助资金列入 2019 年度“一般性转移支付收入——重点生态功能区转移支付收入（1100226）”预算科目。根据《农业资源及生态保护补助资金管理办法》等有关规定及《财政部关于下达 2019 年农业资源及生态保护补助资金预算的通知》（财农〔2019〕28 号），将农业资源及生态保护补助资金列入 2019 年度“转移性收入——一般性转移支付收入——农林水共同财政事权转移支付收入（1100252）”科目，支出列“213 农林水支出”功能分类科目。

7.1.1.2　省级生态公益林效益补偿

根据《广东省省级生态公益林效益补偿资金管理办法》（粤财农〔2018〕322 号），广东省对省级生态公益林保护实施者实施生态补偿。

资金来源：省级生态公益林效益补偿资金由省级财政预算安排。与中央财政安排的森林生态效益补偿补助资金统筹使用。

县（市、区）及不设县的地级市林业部门主要负责组织项目单位进行申报、编制项目计划，按照实施方案组织实施项目建设，加强补偿资金的监督和管理、组织验收和绩效自评等。省林业局主要负责全省省级以上生态公益林类型、范围和面积的核定，补偿资金的预算编制、执行、分配、监督管理、信息公开等具体管理工作。

县（市、区）及不设县的地级市财政部门按照国库集中支付及相关报账制管理的有关规定及时审核拨付资金，负责对补偿资金拨付、使用及管理情况定期开展检查。省财政厅须会同省林业局制定补偿资金管理制度，根据省林业局制定的补偿资金分配方案及时下达资金，组织绩效评价等工作。

资金支出范围：按照用途分为损失性补偿资金（占 80%）和公共管护经费（占 20%）。

损失性补偿资金为因划定为省级生态公益林而禁止采伐林木造成经济损失的林地经营者或林木所有者的补偿资金。

公共管护经费，分为三类：① 生态公益林管护人员经费（占补偿资金总额的 13%），专项用于管护人员工资、管护工具的购置费用、森林防火费用和管护成效奖励性补助等。② 管理经费（占补偿资金总额的 4.5%），专项用于管理生态公益林的地市林业部门、县级林业部门、乡镇政府、村委会的管理经费。③ 省统筹经费（占补偿资金总额的 2.5%），主要用于生态公益林信息化建设、森林生态环境监测、突发性森林灾害救助、生态公益林示范区建设、调剂平衡市县管护管理经费、生态公益林管理管护等工作。

生态公益林效益补偿资金省统筹经费实施项目库管理。由省林业局提前制定和下发下一年度申报指南，明确补偿资金的补助标准、申报条件、申报程序、申报对象、扶持方向等。采取专项评审的分配方式，组织专家对项目申报材料进行评审，根据专家评审结果、年度补偿资金额度、申报项目规模制定资金分配方案。经省财政厅审核同意后进行公示。

根据《关于下达2019年省级以上生态公益林效益补偿资金省统筹经费的通知》，省统筹经费此项资金支出列2019年度“农林水支出—林业和草原—森林生态效益补偿（2130209）”功能分类科目，省直部门政府预算经济分类科目列“机关商品和服务支出——其他商品和服务支出（50299）”，部门预算经济分类科目列“商品和服务支出——其他商品和服务支出（30299）”，市县部门经济分类科目按实际用途列编。

7.1.1.3 基本农田保护经济补偿

2012年，《广东省人民政府办公厅转发省国土资源厅财政厅关于建立基本农田保护经济补偿制度的意见的通知》（粤府办〔2012〕98号），在全省范围内建立了基本农田保护经济补偿制度，将乡（镇）土地利用总体规划划定的基本农田纳入补贴范围，补贴承担基本农田保护任务的农村集体经济组织、国有农场等集体土地所有权单位和国有农用地使用权单位。补贴资金由省、各地级以上市、县（市、区）财政预算或土地出让收入中安排。省财政按照30元/（亩·a）的标准，对出台基本农田保护经济补偿制度实施细则并组织实施的各地级以上市（不含深圳市）下达补助，其中广州市、珠海市、佛山市、东莞市、中山市以及江门市的蓬江区、江海区、新会区、鹤山市按省级补助标准减半，针对不同地区的发展水平，实施分区域差异化补偿。

补贴资金使用范围：由各市、县（市、区）将各级筹集的补贴资金（含省级补助）逐级下达分配给承担基本农田保护任务的基本农田保护单位，主要用于农村土地整治、基本农田后续管护、农村集体经济组织成员参加社会养老保险和农村合作医疗等支出，具体范围由各地级以上市人民政府研究确定。

同时实行保护责任与保护补贴相挂钩的制度。若享受基本农田保护补贴的基本农田保护单位，出现下列情形之一的，则取消当年补贴，并且按规定追究相关单位和人员的责任：① 未经批准，擅自在基本农田上进行非农业建设的。② 占用基本农田发展林果业或挖塘养殖水产的。③ 除自然灾害等不可抗力的原因外，基本农田抛荒、荒芜或闲置超过6个月的。

7.1.2 现有生态补偿资金管理模式

7.1.2.1 实施分区域差异化补偿

根据《广东省生态保护区财政补偿转移支付办法》，生态保护区转移支付主要支持位于北部生态发展区、东西两翼沿海经济带及适用于北部生态发展区政策的县（市、区）、国家级海洋特别保护区，对珠三角经济较发达地区不予补偿。支持范围所属地区均属于省内经济发展较为落后的县（市、区），体现了利用生态补偿机制平衡地区间发展差异的初衷。

根据《广东省省级生态公益林效益补偿资金管理办法》，广东省实施省级以上生态公益林分区域差异化补偿，补偿资金分为特殊区域补偿资金和一般区域补偿资金两部分，其中特殊区域补偿资金是对生态保护红线划定区域以及民族地区、雷州半岛生态修复区、新丰江管局管辖的新丰江水库库区给予补偿；一般区域补偿资金是对特殊区域以外的生态公益林进行补偿。广州市、深圳市、珠海市、佛山市、东莞市、中山市省级生态公益林效益补偿资金由市县财政安排。省级以上生态公益林补偿资金扶持范围包括省直有关单位和粤东西两翼、粤北山区等 15 个地级市有省级生态公益林的市、县（市、区、场）。

生态补偿制度从理论上看，其核心内容是致力于解决一个经济外部性的问题，是调节市场失灵的一种制度手段。通过补偿奖励对生态保护做出贡献的一方，实施对正外部性行为的补偿。当前广东省地区间、行业间、城乡间的不平衡性日益加深，完善生态补偿机制应考虑地区间的经济发展差距，通过实施分区域差异化补偿有利于消除这种不平衡，调节不同主体间的环境利益关系，实现各个方面的和谐发展，提升市场的公平性。

7.1.2.2 引导地区高质量绿色发展

《广东省生态保护区财政补偿转移支付办法》坚持以“谁保护、谁得益，谁改善多、谁得益多”为资金分配原则，将转移支付与生态环境评估结果、高质量发展综合绩效评价挂钩，如在生态发展区补助资金分配测算中，利用“因素法”引入所在市高质量发展综合绩效评价结果、生态环境状况指数（EI）、县基本财力保障需求、国土面积、人口数量等几个因素综合核算转移支付补助额。引领受补偿地区实现高质量绿色发展，提升生态地区主动实施生态保护的积极性。

7.1.2.3 实施预算绩效管理

生态保护区补偿资金下达方式为一般性财政转移支付，与此不同的是，省级生态公益林效益补偿中 2.5%的省统筹经费实施项目库管理，根据年度补偿资金的扶持方向，确定申报条件，由省林业局制定下一年度申报指南，组织项目申报、评审论证、排序择优，实施专项资金绩效评价，并将绩效管理结果与下一年度预算安排挂钩，有利于提高补偿资金的效用发挥。

7.2 海岸带生态保护相关资金及其管理模式分析

7.2.1 海域使用金

海域使用金是指国家以海域所有者身份依法出让海域使用权，向取得海域使用权的单位和个人收取的权利金。依据《中华人民共和国海域使用管理法》第三十三条，“国家实行海域有偿使用制度。单位和个人使用海域，应当按照国务院的规定缴纳海域使用金。海域使用金应当按照国务院的规定上缴财政”。《广东省海域使用管理条例》规定海域使用金由批准用海的县级以上人民政府海洋行政主管部门负责征收，上缴财政，主要用于海域的规划、整治、保护和监督管理。

2009年，财政部、国家海洋局联合印发《海域使用金使用管理暂行办法》(财建〔2009〕491号)(以下简称《办法》)，进一步规范了中央收取的海域使用金的使用管理，尤其是沿海省（区、市）申请使用中央海域使用金的管理，提高了资金使用效益，促进了海域的合理开发和可持续利用[215]。《办法》中明确了中央收取的海域使用金纳入财政预算，由财政部在下一年度财政预算中安排使用。同时规定海域使用金主要用于海域整治、保护和管理。

海域使用金具体使用范围包括：① 制定研究海域使用管理法规、标准、政策、制度。② 编写制定海域使用区划、规划、计划。③ 监视、监测、调查海域使用与管理海籍。④ 建设设计海域使用的生态环境管理执法能力装备及信息系统。⑤ 定级海域分类与评估海域资源价值。⑥ 保护及整治修复海域海岛和海岸带。⑦ 建设海域使用相关管理技术支撑体系。⑧ 征管海域使用金及管理海域使用权。⑨ 国务院财政部门、海洋行政主管部门确定的与海域保护和管理有关的其他项目。

《广东省海域使用金征收使用管理办法》(粤财规〔2019〕2号）规定部分用海项目经有批准权的政府财政部门和自然资源行政主管部门审查批准之后，可以减缴或免缴海域使用金，具体包括以下三种用海项目：公用设施项目；国务院审批或批准的固定资产投资项目；养殖项目。在海域使用金的管理上，海域使用金纳入财政一般预算管理。跨省市海域的项目海域使用金由自然资源部负责征收，100%就地缴入中央国库；养殖用海缴纳的海域使用金，由市、县自然资源主管部门征收，全部就地缴入同级地方国库；除这两类以外其他用海项目缴纳的海域使用金，30%作为中央财政预算收入，就地缴入中央国库，70%作为地方财政预算收入，就地缴入地方国库。支出按《中华人民共和国预算法》

215 海洋局，中国海域使用金使用管理暂行办法出台[EB/OL]. http：//www.china.com.cn/policy/txt/2009-09/02/content_18451368.htm.

等有关规定编列年度收支预算，资金统筹用于海洋事业发展，各级自然资源行政主管部门负责项目的组织实施和管理。

7.2.2　海洋与渔业资源环境损失赔偿

海洋与渔业资源环境损失赔偿制度是根据《中华人民共和国民法通则》第一百一十七条规定“损坏国家的、集体的财产或者他人财产的应当恢复原状或者折价赔偿”和《中华人民共和国海洋环境保护法》第九十条规定“对破坏海洋生态、海洋水产资源、海洋保护区，给国家造成重大损失的，由依照本法规定行使海洋环境监督管理权的部门代表国家对责任者提出损失赔偿要求”确立的，具体由海洋与渔业行政主管部门代表国家作为民事主体通过协议或诉讼途径，要求造成海洋与渔业资源环境损失的单位或个人依法进行赔偿。赔偿款按照管理权限由行使海洋环境监督管理权的海洋与渔业主管部门收取，后全额上缴同级国库或财政专户。赔偿款项纳入财政管理，除了补偿受损失的企事业单位和生产者，剩余用于海洋与渔业资源环境的修复、监测、保护和海域整治。支出安排纳入部门预算和项目支出预算管理，资金结余可以结转下年度安排使用。

赔偿款主要用于以下八个方面：① 对海洋与渔业资源环境损害的调查取证、论证评估和民事诉讼。② 补偿受损失的单位和个人。③ 海洋与渔业资源环境的修复、保护和海域整治。④ 海洋与渔业资源环境的监测和评价及执法监督检查。⑤ 渔业资源人工增殖和增殖种苗基地建设。⑥ 人工鱼礁建设和保护。⑦ 海洋与渔业自然保护区建设和保护。⑧ 海洋与渔业资源环境保护的科学研究。

7.2.3 中央海洋生态保护修复资金

根据《海洋生态保护修复资金管理办法》（财资环〔2020〕24 号），海洋生态保护修复资金是中央财政通过一般公共预算安排的共同财政事权转移支付资金，用于支持对生态环境安全具有重要保障作用、使较广范围生态环境质量提升的海洋生态保护修复项目。目前资金实施期限为 2020 年。期满后根据相关法律法规和国务院有关规定及海洋生态保护修复工作状况，评估确定是否需要延续期限和继续实施。此项资金的支持范围为：① 生态保护类，对红树林、海域海岛、海岸带等生态系统较为脆弱或生态系统质量优良的自然资源实施保护。② 修复治理类，对红树林、海域海岛、海岸带、海岸线等进行修复治理，提升海域海岛岸线的生态功能。③ 能力建设类，支持海域海岛监视监管能力的建设、海洋生态监测监管调查能力与海洋防灾能力的建设。④ 生态补偿类，支持、鼓励跨区域开展海洋生态保护修复和生态补偿。

根据职能分工，财政部负责明确保护修复资金的分配原则和支持重点；审核生态保护修复资金分配的建议方案；编制生态保护修复资金的预算草案并下达预算；组织实施全过程预算绩效管理，指导地方的预算管理等工作。自然资源部组织研究并提出海洋生态保护修复项目的重点支持方向和工作任务，组织进行项目储备并会同财政部开展入库项目审核；研究并编制生态保护修复资金总体绩效目标及资金安排建议方案；负责技术标准制定、日常监管、综合成效评估等工作；落实保护修复资金全过程预算绩效管理，指导地方的项目管理工作等。

省财政部门和自然资源主管部门（含海洋主管部门，下同）负责组织编制和审核海洋生态保护修复实施方案；开展本区域内项目储备并组织已储备项目进行竞争性评审，择优明确实施项目，向财政部、自然资源部报送建议清单；对项目内容的真实性、准确性负责。

7.2.4 涉海岸带生态保护类专项资金

目前广东省实施了多个涉海岸带生态保护类专项资金，包括省级促进经济高质量发展专项资金（海洋战略新兴产业、海洋公共服务）、海岸带保护与利用综合示范区建设专项资金、海岸线生态修复专项资金、重点海湾整治专项资金等多个专项资金。以上各专项资金均支持海岸带的生态保护。

根据《广东省自然资源厅关于2020年第一批（涉及对下转移支付）省级财政专项资金分配方案的公示》，省级促进经济高质量发展专项资金支持任务为海洋六大产业，主要用于支持海洋电子信息、海上风电、海洋生物、海洋工程装备、天然气水合物、海洋公共服务等产业关键技术、装备研发；推广应用，提升产业技术成果转化能力，推动海洋战略性新兴产业、海洋公共服务发展及平台建设。根据《广东省自然资源厅关于印发2020年省级促进经济发展专项资金（海洋战略新兴产业、海洋公共服务）项目申报指南的通知》（粤自然资函〔2019〕1956号），专项资金中海洋公共服务专题支持广东省自然资源资产所有者应履行所有者保护职责、国土空间用途管制职责，加强海洋生态和海域海岸带修复和岸线整治修复监视监测。

海岸带保护与利用综合示范区建设专项资金主要用于推进海岸带保护与利用综合示范区建设，在深化海岸带管理体制改革、实施生态保护修复示范工程、推动湾区经济高质量发展等方面进行探索示范。2020年资金额度为20 000万元。

海岸线生态修复专项资金主要用于推进海湾岸线的自然化、生态化、绿植化改造，恢复海岸线生态环境。2020年资金额度为15 000万元。

重点海湾整治专项资金主要用于推进美丽海湾建设，包括海岸海域空间整理与环境改造、滨海滩涂湿地生态修复、海岸带综合清理整治、环境综合治理，以及海洋生态预警监测等。2020年资金额度为7 000万元。

7.3 海岸带生态补偿资金管理模式研究

7.3.1 广东省海岸带生态补偿资金管理模式

7.3.1.1 扩大对海岸带禁止开发区一般性转移支付补偿范围

依据本书 4.3.1 节海岸带保护生态补偿主客体研究结果得知，鉴于目前无论是海岸带区域整体还是滨海湿地，其生态系统服务价值密度均低于全省陆地生态系统服务价值平均密度，因此，海岸带以外地区对海岸带地区无生态补偿支付责任，省财政仅需对海岸带地区内禁止开发区进行生态补偿支付。目前广东省生态保护区财政补偿转移支付主要针对陆域重点生态功能区的一般转移支付，海岸带区域内大陆岸线以内陆域部分的禁止开发区均已纳入现有生态保护区财政补偿和禁止开发区生态补偿固定补助。

目前仅 6 个国家级海洋特别保护区划入省财政转移支付范围。虽然国家自然保护区的日常管理与保护投入统一由财政拨款，地方政府并不直接参与国家自然保护区的保护工作，但仍须保护与管理保护区周边的区域，因而海洋自然保护区所在市、县（市、区）存在一定的发展权受限或损失。现今其他类型的海洋禁止类生态红线区域未纳入省财政生态补偿范围，因此海洋禁止类红线区域可统一纳入省生态保护区财政一般转移支付范围，利用“因素法”核定补偿资金，以补偿海洋禁止类红线区域所在市、县（市、区）的发展权的受限或损失。该部分资金管理模式按照省生态保护区财政补偿转移支付的管理模式执行。

7.3.1.2 建立海岸带地区间横向生态补偿专项资金

（1）必要性

广东省海岸带保护生态补偿以海岸带地区内部横向生态补偿为主，其中海岸带保护任务较轻、获得外溢生态系统服务的区县为海岸带保护生态补偿的主体，海岸带保护任务较重、提供外溢生态系统服务的区县为海岸带保护生态补偿的客体。通过海岸带地区内部横向补偿，海岸带保护任务较轻、获得外溢生态系统服务的区县为所获的外溢生态系统服务进行支付，给予海岸带保护任务较重、提供外溢生态系统服务的区县补偿，激励海岸带保护任务较重的地方政府积极作为，主动开展海岸带生态保护。

（2）可行性

生态补偿专项资金用于支持跨区域开展海岸带生态补偿和生态保护修复。管理类型应符合专项资金管理要求。2018 年广东省人民政府印发了《广东省省级财政专项资金管理办法（试行）》（粤府〔2018〕120 号）（以下简称《管理办法》），该办法是广东省设立的专项资金规范化管理的重要依据。适用于省级财政专项资金。中央财政补助资金、按照现行财政体制规定对下级政府的返还性支出和一般性转移支付、省财政部门直接按“因素法”或固定标准分配的财政资金等，不纳入《管理办法》的管理范围。

此外，《管理办法》要求专项资金全面实施项目库管理。按照有关规定，由省业务主管部门、市县按照“谁审批、谁组织申报”的原则完成项目储备，原则上提前一年组织项目谋划研究、评审论证、排序择优、入库储备。未纳入项目库的项目，原则上不安排预算。下达的专项资金严格按经批准的预算执行。省业务主管部门负责分管专项资金绩效管理、信息公开；对保留省级审批权限的专项资金，组织项目验收或考评。市县将省下达的专项资金纳入市县预算全流程管理并负责市县项目库管理；组织项目的实施和监管，加强资金的管理，开展绩效自评、项目验收考评、信息公开等工作。

广东省海岸带生态补偿专项资金主要用于支持海岸带保护实施，可满足广东省省级财政专项资金的定义与项目库管理要求。

7.3.1.3 探索市场化、多元化的海岸带生态补偿基金

目前中央、广东省涉及海岸带生态保护与修复的财政转移资金，来源有多个专项资金，主要由国家、省自然资源主管部门进行项目申报组织和资金分配。此外，政府依法收取的海域使用金、海洋与渔业资源环境损失赔偿均可支持海岸带生态保护与修复。以上中央、省级财政转移支付资金均可用于补偿海岸带生态保护实施者损失的机会成本、支持海岸带生态系统修复、自然岸线恢复等重点工程。可见目前广东省支持海岸带生态保护的资金渠道较多但相对分散，亟须统筹现有分散的财政资金，有必要从海岸带综合保护的角度，综合协调各种海岸带生态保护与修复资金，重点支持开展跨区域海岸带生态补偿和生态保护修复。

此外，随着海岸带有偿使用制度、自然岸线指标异地交易制度探索的不断推进，自然岸线等海岸带优质生态产品的价值更能通过市场机制得到充分体现，并可有效打通价值转化通道。在这其中产生的经济价值如何转化为海岸带生态保护的动力和能力，至关重要。

7.3.2 广东省海岸带生态补偿专项资金管理模式

7.3.2.1 资金来源

广东省海岸带生态补偿基金按照“谁破坏，谁补偿”的原则，将因岸线开发利用所收取的海域使用金、海洋与渔业资源环境损失赔偿等作为生态补偿金，用于支持自然岸

线恢复、滨海湿地生态系统修复等工作。

与此同时，生态补偿资金在未来应进一步吸纳社会资金，逐步建立市场化的生态补偿机制，不断丰富补偿资金，建立补偿的长效机制。最终建立来源多元化、资金规模扩大化的广东省海岸带生态补偿基金，该基金的资金来源主要有以下几个渠道：① 部分中央、省收取的海域使用金。② 部分海洋与渔业资源环境损失赔偿。③ 中央海洋生态保护修复资金。④ 省财政预算安排。⑤ 大陆自然岸线指标交易、自然岸线有偿使用金等来源的社会资金。

7.3.2.2　资金支持范围

按照“谁保护，谁受偿”的原则，广东省海岸带生态补偿的补偿客体主要为海洋限制开发区和禁止开发区、严格保护岸线、限制开发岸线所在地为保护岸线生态系统而放弃发展权的地方政府、单位或个人，鼓励其开展海岸线生态系统保护，提供优质的生态产品。

为此，生态补偿资金支持范围分为两类：其一为损失性补偿，为具体实施海岸带生态保护的个人、单位、政府损失的机会成本。其二为海岸带生态系统保护与修复，包括：① 生态保护类，对红树林、海域海岛、海岸带等生态系统较为脆弱或生态系统质量优良的自然资源实施保护。② 重点海湾整治与修复类，推进海岸海域空间整理与环境改造、滨海滩涂湿地生态修复、海岸带综合清理整治、海湾岸线的自然化、生态化、绿植化改造、环境综合治理等。③ 海岸带公共服务类，推进海岸带保护与利用综合示范区建设，深化海岸带管理体制改革以及海洋生态预警监测等。

7.3.2.3　资金分配与激励机制

《海岸线保护与利用管理办法》提出，沿海省级政府监督管理该行政区域内的海岸线保护与利用，建立自然岸线保有率管控目标责任制，落实自然岸线保有率管控目标，并合理制定目标，将自然岸线保护纳入沿海地方政府政绩考核。沿海地方政府应主动实施海岸带生态系统恢复与强化，海湾岸线自然化、生态化、绿植化改造等工作。

省级自然资源主管部门可结合自然岸线保有率考核结果、海岸带生态系统质量提升、海岸带修复工程成效，通过“以奖代补”的方式，下达补偿资金至海岸带生态保护成效明显的地方政府、单位和工程效益明显的项目组织单位。补偿资金由省财政厅拨付到各市、县（市、区）财政局，由各地结合本级财政资金统筹用于：① 具体实施海岸带生态保护而经济利益受损的个人、单位及政府的经济补偿；② 海岸带公共服务管理支出；③ 海岸带生态保护与修复工程建设直接费用。对于没有完成考核目标的，要相应扣减“以奖代补”资金。

7.3.3 小结

经过海岸带生态补偿主客体分析，结合现有涉海生态保护等财政资金管理现状，广东省海岸带生态补偿资金管理模式设计划分为三种类型：

其一，对海岸带禁止开发区损失补偿，由省财政预算安排，纳入省生态保护区财政补偿转移支付体系，从现有的仅 6 个国家级海洋特别保护区进一步扩大至省级及以上海洋自然保护区，基本实现海岸带禁止开发区全覆盖。

其二，海岸带地区间横向生态补偿，由海岸带保护任务较轻、获得外溢生态系统服务的区县向海岸带保护任务较重、提供外溢生态系统服务的区县支付生态补偿金。

其三，市场化、多元化的海岸带生态补偿基金，统筹现有涉海岸带生态保护专项资金，吸纳大陆自然岸线指标交易、自然岸线有偿使用金等来源的社会资金，重点支持跨区域的生态补偿及海岸带生态保护及修复工程。

第 8 章

广东省海岸带生态补偿政策保障体系研究

8.1 海岸带管理权责分配现状与存在问题研究

8.1.1 海域使用审批与监管

《广东省海域使用管理条例》于 2007 年 1 月 25 日由广东省第十届人大常委会第二十九次会议通过。该条例明确了省政府海洋行政主管部门负责全省海域利用的监管，沿海县级以上政府海洋行政主管部门负责行政区域内及毗邻海域利用的监管。沿海乡、镇政府协助县级及以上政府海洋行政主管部门监管海域利用，沿海县级以上政府相关部门应当依照职责，协同海洋行政主管部门监管海域的利用。

此外，该条例明确规定，县级以上人民政府海洋行政主管部门负责本行政区域海洋功能区划的编制，沿海地级以上市人民政府海洋行政主管部门牵头负责编制海域使用规划。

沿海县级以上人民政府海洋行政主管部门定期公示项目用海审批事项的依据、条件、程序、期限，需要提交的材料目录、申请书示范文本等，负责海域使用申请的审核。受理海域使用申请后应当征求本级人民政府有关部门的意见，进行实地调查，提出审查意见。对属本级人民政府审批的，报本级人民政府；对属上级人民政府审批的，经本级人民政府审查后，逐级上报有审批权的人民政府。

海域使用金的征收由批准用海的县级以上人民政府海洋行政主管部门负责，资金上缴财政。

海域使用权人有义务按照批准用海的用途和范围合理使用海域，依法保护海域生态环境，并采取有效措施，防止海洋环境污染。禁止非法向海洋倾倒废弃物、排放污染物。

与此同时，按照属地原则，沿海县级以上人民政府有义务加强对海域生态环境的保护，严格控制填海、围海等改变海域自然属性或者影响生态环境的用海项目，对受到损害的海域自然生态系统，及时组织修复；应当加强对海岸和岸线，以及海上构筑物的管理。由县级以上人民政府海洋行政主管部门负责海域使用的监督检查，查处违法行为。

8.1.2 河口滩涂管理

《广东省河口滩涂管理条例》于2001年1月17日由广东省第九届人大常委会第二十二次会议通过，2012年1月9日广东省第十一届人大常委会第三十一次会议第一次修正，2019年9月25日广东省第十三届人大常委会第十四次会议第二次修正。

根据该条例，各级政府应当加强对河口滩涂的管理，严格控制河口滩涂的开发利用；本行政区域内的河口滩涂由县级以上政府水行政主管部门负责统一管理，主要实施该条例。自然资源、生态环境、林业、渔业、建设、交通、民政等行政管理部门依照各自职能，协同实施该条例。

该条例涉及的主要河口有珠江、韩江、榕江、漠阳江、鉴江、九洲江的河口以及跨地级以上市的河口。主要河口滩涂由省水行政主管部门管理，珠江河口的范围依据《珠江河口管理办法》划定；其他主要河口的范围由省水利、自然资源等行政管理部门组织划分，报省人民政府审批确定。其他河口按分级管理原则，由具备管辖权的市、县水行政主管部门管理。其他河口的范围由具有管辖权的市、县水利、自然资源等行政管理部门组织划分，报同级政府审批确定，并报省水行政主管部门备案。

《广东省河口滩涂管理条例》针对河口滩涂开发利用、河口滩涂整治和管理等方面对各级政府及相关行政主管部门进行了相应的职责规定。其中，针对珠江河口滩涂的开发利用，还需由水利部珠江水利委员会进行审查并出具书面意见。河口滩涂开发利用的检查、监督等日常管理工作，由河口滩涂所在地水行政主管部门负责。

8.1.3 海岸带保护与利用管理

遵循“生态优先、海陆统筹、综合管理、科学规划、损害担责、持续发展”的原则，2016年，为加强海岸带综合管理、科学利用海岸带资源、有效保护海岸带生态环境、促进沿海地区可持续发展，广东省人民政府法制办公室在官方网站上公示了《广东省海岸带保护与利用管理办法》（送审稿）用作政府立法意见征集。该管理办法对各级政府及部门涉及海岸带保护与利用的职责进行了规定，由省级政府建立健全海岸带综合管理工作协调机制，沿海各级人民政府依法履行职责，落实辖内海岸带保护和利用规划的控制目标，保障海岸带保护和管理经费。

发展改革行政主管部门根据国家有关法律法规、规章、产业政策及相关规划，结合国土资源（现自然资源）、环境保护（现生态环境）、海洋渔业（现海洋）、城乡规划（现住房和城乡建设）、水利、林业（现为自然资源部门管理机构）、农业（现农业农村）等部门（以下简称海岸带管理有关部门）审查意见，负责海岸带范围内项目的审查、立项工作，把好项目入口关。国土资源（现自然资源）行政主管部门负责审查海岸线向陆一侧的涉及土地利用总体规划的海岸带项目。环境保护（现生态环境）行政主管部门负责防治陆源污染物和海岸工程建设项目对海洋污染损害的环境保护工作，规范入海排污口设置。海洋渔业（现海洋）行政主管部门负责综合协调海岸带的利用与保护，并负责监督管理海岸线向海一侧的海岸带利用与保护。此外，海洋渔业（现海洋）行政主管部门应当依据相关国家标准和规定，定期组织对海岸带范围内的海洋生态环境进行调查、监测与评价，并依据规定发布相关公报或进行专项通报。城乡规划（现住房和城乡建设）行政主管部门负责海岸线向陆一侧生态控制线的研究和划定工作，明确海岸线向陆一侧生态控制用地范围和管控要求，依法对生态控制线实施管理。水利行政主管部门负责提高海岸带防洪防潮能力，应结合海岸线综合保护与利用的需求，切实推进海堤加固达标建设。林业（现自然资源部门管理机构）行政主管部门负责审查海岸线向陆一侧的涉及林地保护利用规划和林业生态红线的海岸带项目，并加强沿海防护林体系建设，加大对生态区位重要、生态环境脆弱区域的生态公益林的保护力度。交通运输、城市管理和综合执法、农业（现农业农村）、旅游（现文化和旅游）等有关行政主管部门应当按照各自职责分工，协同管理海岸带的保护与利用。

此外，还应由海洋、城乡规划（现住房和城乡建设）行政主管部门协同负责编制本地区海岸带保护与利用规划。县级以上人民政府环境保护（现生态环境）行政主管部门，会同海洋行政主管部门建立入海污染物排放总量控制制度，建立入海排污口信息系统，按计划逐步削减入海污染负荷，建立海洋生态环境破坏污染黑名单制度，公布违法排污企业。

按照属地管理原则，沿海县级以上级人民政府负责组织包括生态环境严重污染和破坏、海水入侵、海岸侵蚀等在内的海岸带受损或者功能退化区域的综合治理和修复；美化海岸带景观，加强海岸带城镇、农村居民点周边海面及海滩环境的卫生管理。

8.1.4 近岸海域污染防治

为大力实施近岸海域环境综合整治，遵循“陆海统筹、区域联动，海河兼顾、部门协调”等原则，原广东省环境保护厅与原广东省海洋与渔业厅联合印发《广东省近岸海域污染防治实施方案（2018—2020 年）》。该方案的实施范围涵盖广州、深圳、珠海、汕头、惠州、汕尾、东莞、中山、湛江、茂名、潮州、江门、阳江、揭阳等 14 个市。

该方案确定沿海各地级以上市、县（市、区）人民政府为本行政区域近岸海域环境保护主体责任单位，需将方案的各项任务分解落实到各相关部门，明确年度工作目标，并要注意与《水污染防治行动计划》实施方案的衔接。此外，该方案制定了促进沿海地区产业转型升级、控制陆源污染排放、加强海上污染源控制、保护海洋生态、防范近岸海域环境风险、推动粤港澳大湾区近岸海域环境持续改善等六大重点工作任务，并且明确了牵头部门、主要参与部门、具体落实部门。其中省发展改革委负责沿海地区产业结构调整。省生态环境厅（原省环境保护厅）负责提高涉海项目的环境准入门槛，规范管理入海排污口，加强控制沿海地区污染排放和环境激素类化学品污染，加强监控与考核污染物排放，加强监管入海垃圾（危险废物方面），加强沿海工业企业环境风险防控；联合水利厅综合整治入海河流；与省海洋局联合构建粤港澳大湾区海岸带生态安全格局，与省海洋局（原省海洋与渔业厅）联合推动粤港澳大湾区入海污染物总量控制。省海洋局负责占用自然岸线和围填海的建设项目严控，推进重点海域环境综合整治，并组织海上联合执法，严打海漂垃圾等违法行为，加强防控海水养殖污染；加大保护自然岸线的力度，严守海洋生态红线，联合省林业局推进整治修复海洋生态的项目，保护重要渔业水域以及典型海洋生态系统；强化保护海洋生物多样性，推动粤港澳大湾区海域环境容量总量控制。省住房城乡建设厅负责城镇污水处理设施去除氮磷效能的提高，并加强含生活垃圾、建筑废弃物等入海垃圾污染的管控。省农业农村厅负责强化农村面源和畜禽养殖污染控制。省交通运输厅负责深化港口码头等污染防治。广东海事局负责船舶污染防治强化，并加强防范危化学品泄漏及海上溢油等事故的风险。各项任务均需沿海各地级以上市政府落实。

8.1.5 海岸带综合管理与利用

8.1.5.1 成立省海岸带综合管理专责小组

2016 年 7 月，经广东省政府同意，在省海洋工作领导小组框架下成立广东省海岸带综合管理专责小组，专责小组由沿海地级以上市及省直有关部门组成，日常工作由原广东省海洋渔业局承担，主要负责协调解决海岸带保护和利用工作中的重大事项，及时研究解决广东省海岸带保护和科学利用的突出问题。

8.1.5.2 出台《广东省海岸带综合保护与利用总体规划》

2017 年，为加强海陆统筹和海岸带综合管理，促进海洋资源生态环境保护与开放式经济发展、产业转型升级相结合，广东省人民政府和国家海洋局联合印发《广东省海岸带综合保护与利用总体规划》，并以此为契机，形成新的增长极，推动沿海经济带建设，打造广东海洋强省名片。将“生态+”思想深入融合到用海空间管理全过程，从湾区发展和构建开放型经济体制机制上进行创新，并统筹海域与陆域产业发展，建立海洋综合管理新模式。要求广东省海洋工作领导小组统筹推进该规划有序实施，并明确有关地级以上市、县（市、区）人民政府是本地区海岸带综合保护与利用的责任主体。规划实施涉及中央事权的事项要主动与国家主管部门对接，特别是涉及重大工程项目要按照规定程序和渠道另行报批。

广东省人民政府要加强组织领导保障，充分发挥广东省海洋工作领导小组作用，下设海岸带综合管理专责小组，明确部门分工，落实责任，加强监督检查。省人民政府各部门要按照各自职责，严格落实该规划部署的指标和任务，并做好相关专项规划与该规划的衔接。省海洋局（原省海洋与渔业厅）履行相应管理和协调职责，会同有关部门制定《广东省海岸带综合保护与利用总体规划》实施方案，并及时总结经验，开展跟踪分析和监督评估。省发展改革委要衔接好该规划和沿海经济带发展规划，从宏观上加强对海岸带经济发展的指导，依据规划优化海岸带重大投资项目的布局；依据职能，省自然资源厅（原省国土资源厅）和省住建厅分别负责该规划与海岸带向陆一侧土地资源利用和城乡建设总体规划的协调对接，并按照规划相关要求实施海岸线向陆一侧空间管控；省财政厅要切实加强海岸带建设管理的投入保障。

8.1.5.3　建设海岸带保护与利用综合示范区

2019 年 6 月，广东省自然资源厅印发《关于推进广东省海岸带保护与利用综合示范区建设的指导意见》（以下简称《指导意见》），旨在落实广东省委和省政府的工作部署，统筹山水林田湖草系统治理，严守生态空间、优化生活空间、扩展发展空间，加强《广东省海岸带综合保护与利用总体规划》的实施，建设海洋强省，打造现代化沿海经济带。

《指导意见》提出，在深化海岸带管理体制改革的工作中，探索海岸带空间管控模式，实施海岸带自然资源的统一化管理，并构建以生态空间支撑发展空间的体制机制。以海岸线为轴，并以差别化功能管控为抓手，实现精细化管理。加速各项规划融合速度，切实发挥顶层设计的总体性、基础性、约束性作用，做到“一张图”海岸带管控机制。探索海岸线占补平衡制度，恢复海岸线的生态功能，推进大陆自然岸线指标交易，探索自然岸线异地有偿使用机制。

《指导意见》明确，须实施的生态保护修复示范工程的类别中，包括了海岸线整治修复、魅力沙滩、海堤生态化、滨海湿地恢复、美丽海湾建设工程。分类分段进行海岸线自然恢复和人工整治修复，加强优化利用岸线的海岸功能提升。分区突出海岸生态修复、环境整治、形态修复与养护、海岸防护能力建设、滨海景观构建等工程项目建设。开展重点沙滩整治，保持沙滩的稳定性。开展全省海堤生态评估，分区探索海堤生态化建设，编制海堤生态化修复方案。加强保护地建设，鼓励具备条件的示范区在红树林、珊瑚礁、重要渔业水域、入海河口、海湾、海草床等区域选划建立自然保护区、海洋特别保护区和湿地公园。开展海湾综合整治，分区分类建设生态保育型、都市亲水型、度假旅游型、渔乡文化型海湾。

《指导意见》指出，在推动海岸带管理制度建设的过程中，须落实《海岸线保护与利用管理办法》《围填海管控办法》《海域、无居民海岛有偿使用的意见》《国务院关于加强滨海湿地保护严格管控围填海的通知》等办法，制定海岸线人工修复或自然恢复的认定标准，规范新增自然海岸线验收程序。建立示范区评价指标体系、生态修复方法及指标体系。以综合示范区建设为抓手，鼓励具备条件的地市探索海岸带管理地方立法，并继续指导推动珠海、湛江等地开展海域管理、海湾保护、海岸线保护、无居民海岛出让等立法工作。

此外，《指导意见》通过严格示范区设立条件、规范审核报批程序、加强组织领导等方面加强组织实施。示范区建设内容要遵循国土空间规划和海洋强省战略的总体要求。示范区以县（市、区）行政区或开发区、新区等为单元进行申请，经所在地级以上市人民政府同意后，报送申报材料和实施方案，由省自然资源厅会同有关部门组织专家对申报材料和实施方案进行研究评估。示范区所在县（市、区）政府或新区、开发区管委会是示范区建设的主体。省自然资源厅应加强组织领导、督促检查等工作，对工作进展定期进行通报，及时总结经验、推广宣传示范区建设工作成效。省有关部门按照分工，积极做好示范区建设相关工作。

8.1.6 现有省级生态保护补偿工作部门间协作机制

2019 年 2 月，广东省政府决定建立由省发展改革委、财政厅牵头的省生态保护补偿工作部门间联席会议制度。该联席会议的职责为：研究完善生态保护补偿相关政策法规，统筹推进和落实生态保护补偿各项工作任务；指导各市加强生态保护补偿机制建设，研究解决生态保护补偿机制建设中的重大问题；编制年度工作要点，总结交流和宣传推广试点经验；加强省内跨行政区域生态保护补偿指导协调，组织开展政策实施效果评估；办理省委、省政府交办的其他事项。

联席会议由省发展改革委、财政厅、自然资源厅、生态环境厅、住房和城乡建设厅、水利厅、农业农村厅、林业局组成。省发展改革委、财政厅为牵头单位。联席会议办公室设在省发展改革委，承担联席会议日常工作。联席会议设联络员，由各成员单位有关处室负责同志担任。联席会议根据工作需要定期或不定期召开会议，由召集人主持。

8.1.7 海洋综合执法工作

根据 2019 年 8 月 22 日广东省人民政府发布的《广东省人民政府关于开展海洋综合执法工作的公告》，涉海地区海洋监察、海岛管理、渔政管理、渔港监督、渔船监督检验、海洋环境保护等执法职能进一步整合，县级以上海洋综合执法机构依法在行政区域内集中使用行政处罚权、检查权、强制权。相关执法权由海洋综合执法机构集中行使后，各级自然资源、生态环境、农业农村等行政部门不再行使。此外，该公告还公布了各级海洋综合执法机构的职责、要求及公民、法人的投诉途径。

8.1.8 海岸带管理权责分配存在的问题

海洋生态系统为人类社会提供了多种服务，这些服务之间相互联系、相互作用。为利于海洋生态系统的规划与管理，须深入理解这些服务间的相互关系。近年来，决策者们注重在海洋规划以及海洋生态系统管理之中运用海洋生态系统服务研究成果，并通过规划引导，使海洋经济开发与环境承载能力相适应。

目前，通过新出台的相关工作办法和公告，海洋综合执法的相对集中行政处罚权得到进一步推进。但海岸带相关规划管控仍存在交叉重叠。海岸带是陆地和海洋相互作用的地带，其资源的开发利用和管理涉及诸多部门。海岸带区域空间管控的困难在于，海岸线向陆一侧要适用几乎所有的陆域规划，海岸线向海一侧又有海域相关规划，而这些规划往往是难以衔接的。除了全省范围的空间规划，涉海有关部门的行业规划（如水利规划、港口规划、林业规划、养殖规划、旅游规划等）也有很多地方相互矛盾，导致海岸带区域内的规划出现“相互打架、难以对接、各自为政、资源浪费”等问题。各级政府的发展规划、功能区划、空间规划、城镇规划、环保规划和海岸带规划等存在重叠交叉，个别地方不协调甚至出现冲突，影响规划实施效果[216]。

自然资源行政主管部门的成立，有利于解决自然资源管理不到位、规划重叠和职责交叉等问题，但仍存在区域、流域、海陆界限以及相关行业和要素壁垒。海岸带涉及渔业、矿产、港口、海域使用权等部分的管理，这种基于传统分工分类形成的管理模式并没有深入考虑海岸带管理的复杂程度，也没有充分考虑整体地带性和海岸特殊性，往往导致了管理上的空白、重复和冲突。海岸带管理涉及发展改革、自然资源、生态环境、住房和城乡建设、交通运输、水利、文旅等有关部门，还涉及省、市、县各级政府，在海岸带综合管理过程中，各横向、纵向部门、政府间容易出现职能交叉、事权不清、政策不一致、合作渠道不畅通等问题。

此外，虽然广东省已出台不少关于海洋生态环境的立法文件，但大多数环境立法的实质在于污染防治，海洋生态补偿的顶层专项法律依据严重不足束缚着可操作空间，导致沿海地区海洋生态补偿法律制度标准不一、不成体系。涉及生态补偿立法的制度规定散见于相关环境要素的单行法中，没有统一的补偿原则。凡涉及跨海域的环境案件，使

216 梁雄伟. 基于自然资源统一管理的广东省海岸带生态修复[J]. 海洋开发与管理，2019，36（6）：33-38.

用相关规定难以协商达成一致，加上缺乏共同上位法依据以及各部门之间可能存在的推诿情形，导致问题难以及时解决。此外，重陆轻海的传统思想尚未完全拨乱反正，相关重心仍聚焦在陆地上，海洋生态补偿制度进展速度仍慢于大部分陆地资源要素（如大气、森林、农田等）[217]。

8.2 海岸带生态补偿跨部门协作机制研究

8.2.1 海岸带生态补偿跨部门协作需求

生态系统包括不同的空间尺度，生态系统与行政区域的边界往往不重合。海岸带生态系统包括海域和陆域生态系统，其自身的地理特征使得海岸带生态保护与生态补偿必然涉及不同部门、不同地区，而海岸带管理工作中普遍存在职能重叠、责任不清等问题，因此必须建立跨部门、跨地区的海岸带生态保护与生态补偿协调机制。

由于海岸带生态保护与生态补偿涉及生态补偿、海洋治理、资源管理、环境管理、财政学、公共管理等不同学科，海岸带自身的复杂自然属性决定了其需要涉及多部门共同管理，需要在立法中建立各地区和部门的磋商和协调机制，建立一套跨部门、跨系统的执法系统，进行合理科学归类，在省级机构的指挥下统一有效行动，将区别性、专业性的执法落到实处。

8.2.2 海岸带生态补偿跨部门协作机制设计

省级统筹协调管理。充分发挥广东省海洋工作领导小组的作用，建议依托原有设立在原省海洋与渔业厅（不再保留，现自然资源厅，加挂省海洋局牌子）的广东省海洋工作领导小组，成立广东省海岸带生态补偿工作领导小组，由省长和分管自然资源方面工作的副省长分别担任组长和副组长。由省自然资源厅牵头，由沿海地级以上市及省发展改革、自然资源、生态环境、住房和城乡建设、财政、审计、交通运输、水利、林业、旅游等部门参与。领导小组负责协调各部门的权益，明确各部门的职责，责任到具体领导、具体人，具体实施海岸带生态补偿机制的目标确定、规划统筹、政策制定、任务分解下达、资金安排、工作督查、绩效评估等相关工作。定期对广东省海岸带生态补偿的具体事项集中协议、同步落实，形成统一部署、统筹管理、部门联动的协作制度。通过强化政府部门间的联合、协作与沟通，使各政府部门在广东省海岸带保护与合理利用上达成共识，并最终形成具有约束力的规范意见。

推进生态补偿政策是一项跨部门的工作，在此过程中为解决责任不落实、标准不统

217 王天钺. 我国海洋生态补偿法律制度研究[D]. 石家庄：河北地质大学，2019.

一等问题，以及强化综合协调能力，建议全面强化自然资源部门对海岸带生态补偿工作的统筹力度，由自然资源部门进行统筹规划实施和统一监督管理，协调各部门涉及生态补偿的工作。广东省海岸带生态补偿工作领导小组负责根据上级要求和实施效果制定广东省海岸带生态补偿相关政策文件，核定生态补偿要素范围，制定生态补偿资金分配方案，开展补偿对象责任认定，编制生态补偿情况报告。

自然资源部门负责海岸带管理，指导广东省项目用海政策实施工作，规范海域使用受理审查审批程序；组织实施各项涉海政策措施；组织实施海洋资源年度利用计划；牵头组织编制海洋生态修复规划并实施有关生态修复工程，牵头建立和实施海洋生态保护补偿制度；负责海洋开发利用和保护的监管。林业部门（经机构改革后，是自然资源部门的管理机构）负责海岸带向陆一侧森林、湿地、资源监管。

生态环境部门建立健全生态环境制度；负责监督管理海洋各类污染物排放总量控制，负责近岸海域水质考核工作；负责环境污染防治的监管，加强重点海域环境整治；指导协调和监督生态保护修复工作；负责生态环境准入的监督管理，加强入海排污监管，规范海洋工程项目管理；负责统筹协调和监管重大生态环境问题，统筹协调海域生态环境保护工作；负责海洋生态环境监测工作。

其他有关部门如农业农村部门负责渔业的监管；组织渔业水域生态环境及水生野生动植物的保护；负责远洋渔业管理和渔政渔港监督管理。水利部门负责组织指导河口滩涂的治理、开发和保护。住建部门负责海岸带向陆一侧土地利用、管控；负责城乡建设执法监察工作的协调和监督；承担指导海岸带向陆一侧城市建设的责任；承担规范、指导海岸带向陆一侧村镇建设的责任。交通运输部门负责沿海路政、运政和港口管理；负责船舶代理、引航、航道、港口及港航设施建设使用岸线布局的行业管理工作。发展改革部门负责牵头组织统一规划体系建设，负责统筹衔接各类专项规划、海洋规划、空间规划和发展规划；负责综合协调统筹海洋重大基础设施布局与建设发展；统筹协调综合沿海交通发展相关重大问题；牵头实施生态保护补偿工作部门间联席会议制度。文化旅游部门负责管理海洋文化设施、旅游设施建设。

广东省沿海各县（市、区）人民政府以及不设县区的地级市是落实生态补偿工作的责任主体，应切实加强组织领导，加强能力建设和人员配置，完善配套措施，落实专项资金，有序推进工作实施，细化工作分工，明确工作责任，逐项落实目标任务。

8.2.3　海岸带生态补偿跨地区协作机制设计

此外，由于海域具有跨区域特性，相邻地方政府之间会随着环境污染、海洋资源开发利用与保护等的生态经济利益产生冲突和纠纷。为实现海岸带保护的共建共享，需要研究完善、沟通协调平台的构建，使利益相关区域使用一个共同参与、平等互利、充分协商的，使生态补偿机制可行的平台。因此依托省生态保护补偿工作部门间联席会议制度，将此制度与广东省海岸带生态补偿工作领导小组高度融合，根据工作需要，扩大成员单位至县（区）及不涉县的地级市和部门负责同志。负责定期举行海岸带生态补偿协商会议，以海岸带生态补偿为主要议题，商讨生态补偿资金确定与使用监督、完善生态补偿制度意见、落实污染治理具体措施、处理跨界污染事故等以及相关日常联系与协调事项。当相邻政府出现生态补偿相关的纠纷与冲突时，基于平等协商、互利共赢的原则，针对补偿方式、补偿标准、补偿资金数额、补偿途径等具体操作内容进行博弈。通过召开协商会议等方式，协调利益相关者之间的矛盾，促使协商双方达成共识，最终达成一致内容，签订补偿协议。如果经过多次协商，相邻市、县（市）区之间仍然不能达成一致，可以报请广东省海岸带生态补偿协调小组进行仲裁。补偿协议应根据经济发展水平、生态环境保护意识、区域发展要求等进行动态调整，不断完善补偿协议。

8.3 海岸带生态补偿评估与监督机制研究

8.3.1 建立海岸带生态补偿制度动态调整机制

海岸线综合保护与利用是一项长期的工作，明确长期保护、监管责任单位和工作机制，主要针对地区间海岸带保护生态补偿设置评估机制。广东省海岸带生态补偿工作实行动态评估和滚动实施机制。生态补偿工作办法评估每三至五年开展一次。以评估周期为生态补偿标准、对象和相关政策评估与调整周期，保障生态补偿政策的效果适应广东省海岸带生态补偿需求，更新海洋生态服务价值和资源损害的量化，力求达到海岸带生态补偿具有科学的指标体系。

8.3.2 设置海岸带生态补偿工作问责机制

建立与完善海岸带生态补偿制度，行政监督是不可或缺的要素之一。政府应加强对补偿制度的管理，并对海岸带的经济补偿实行法制化，建立健全海岸带生态补偿资金管理办法和制度，使海岸带生态效益的补偿有法可依，且有法必依。生态补偿监督管理制度的建立，可缓解因公共管理不完善造成的资源配置效率低下问题。首先要建立各级政府问责制度。从上到下，从省、市到县（市）区等各级政府，详尽明确其在海岸带生态补偿中的权利和义务，尤其要确定相关职能部门主要领导干部的行政责任，让他们真正认识到海岸带生态保护的重要性，久久为功，对于不作为、滥作为的官员坚决给予处罚，层层问责，让海岸带生态补偿的管理者时刻自省、自警，合理合规开展生态补偿工作。

8.3.3　探索海岸带生态补偿公共参与机制

海岸带生态补偿要公开透明。海岸带生态补偿工作涉及海岸带生态补偿的范围内容的认定、补偿标准的确定、补偿金额的缴纳、补偿基金的使用、补偿效益的评审等环节。政府应全方位公开相关政策与信息，开放政府网站，充分发挥电子政务的优势，通过政府公众平台对生态补偿的各个环节予以公开，向社会公众提供准确、清晰、翔实的海岸带生态补偿信息。将公众的参与引入监督机制，吸纳与补偿不同利益方和社会公众参与监管，将使海岸带生态补偿更加公正、阳光、透明，提升公众的知情权，增强政府公信力。开放社会舆论监督，以保证补偿工作的公正性和有效性。

8.3.4　建设海岸带生态补偿绩效考核机制

建立年度绩效考核体系，按照管理责任“属地管理”的原则，广东省海岸带环境保护与生态补偿的主体责任单位为县（市、区）以及不设县区的地级市。若对项目工作质量不高，不遵循基建程序，配套资金不落实，擅自调整或变更项目实施方案，不能按期完成项目等的主体责任单位仍然采取照常分配海岸带生态补偿资金，将无法实现生态补偿资金激励性机制和区域协调发展战略目标。因此，为提高生态补偿执行力度，生态环境保护与生态补偿工作成果是开展广东省海岸带生态补偿资金分配的基础。建议在充分征求各利益相关部门单位后，构建广东省海岸带生态补偿工作考核指标体系，指标体系要具有科学性、客观性、前瞻性以及可操作性。生态补偿对各主体责任单位的生态环境要素管理责任的落实情况和生态补偿资金的管理与使用情况等进行考核，考核结果将作为安排生态补偿资金的主要依据，应用于第二年的生态补偿资金筹集与分配方案。对绩效评价好的主体责任单位给予奖励，对绩效评价差的减少或暂停下达资金。激励沿海各市加强生态环境保护与修复的积极性和主动性，形成广东海岸带共抓大保护的良好氛围。实施补偿效果后评估，阶段性海岸带生态保护补偿实施到期后，开展生态补偿效果后评估工作，及时总结经验，明确接续政策，提炼可复制、可借鉴的模式。

第9章

广东省海岸带生态补偿工作实施步骤研究

广东省海岸带生态补偿制度需要深入研究和完善的地方很多，不可能一蹴而就，应有次序、有步骤地建立广东省海岸带生态补偿制度。本章从海岸带生态补偿政策的现实需求与客观条件成熟程度出发，制定广东省海岸带生态补偿机制实施路线图，重点确定广东省海岸带生态补偿的关键环节、优先领域与实施步骤。

9.1 海岸带生态补偿工作基础研究

9.1.1 全省生态补偿推进情况

9.1.1.1 整体推进情况

《广东省人民政府办公厅关于健全生态保护补偿机制的实施意见》（粤府办〔2016〕135号）提出了“到2020年，实现森林、湿地、荒漠、海洋、水流、耕地等重点领域和禁止开发区域、重点生态功能区等重要区域生态保护补偿全覆盖，补偿水平与我省经济社会发展状况相适应，地区间补偿试点示范取得明显进展，多元化生态保护补偿机制初步建立，基本形成补偿体制机制不断创新、配套制度体系逐步健全、试点示范效应明显提高、生态保护补偿体系基本确立的生态保护补偿机制”的生态补偿目标。

广东省省域生态补偿政策包括《广东省生态保护区财政补偿转移支付办法》（粤财预〔2019〕78号）和《关于安排禁止开发区生态补偿固定补助资金的通知》（粤财预〔2019〕109号）两份文件。前者确定了全省生态保护区财政补偿转移支付补偿范围包括生态发展区、生态保护红线区、禁止开发区和海洋特别保护区，其中，生态发展区补助对象为纳入北部生态发展区的所有县及适用北部生态发展区发展政策的11个县，共48个县，包括26个重点生态功能区县和22个非重点生态功能区县；生态保护红线区补助对象为划定生态保护红线区（珠三角地区及已享受生态发展区转移支付政策的县除外）的31个县；禁止开发区和海洋特别保护区补助对象是国家级、省级禁止开发区和国家级海洋特别保护区，包括145个国家级、省级禁止开发区和国家批准建立的广东省内6个国家级海洋特别保护区。后者对惠州、江门和肇庆 3 个市内不再纳入省级禁止开发区补偿范围的禁止开发区，进行禁止开发区补助资金支付。

禁止开发区和海洋特别保护区生态补偿根据各县禁止开发区域和海洋特别保护区的面积、个数及该县基本财力保障需求计算确定。资金下达至禁止开发区和海洋特别保护区管理机构所在地，有关市县财政部门应及时将资金足额拨付至所属管理单位或资金使用单位。用公式表示：禁止开发区、海洋特别保护区补助＝禁止开发区和海洋特别保护区补助总额×（某地所辖禁止开发区和海洋特别保护区个数因素+面积因素+基本财力保障需求因素）÷∑（各地禁止开发区和海洋特别保护区个数因素+面积因素+基本财力保障需求因素）。其中，某地所辖禁止开发区和海洋特别保护区个数、面积直接运用《广东省主体功能区规划》及国家海洋特别保护区批复文件数据。

根据《广东省海洋特别保护区管理规定》，海洋特别保护区管理机构的主要职责之一便是“组织制订本海洋特别保护区生态补偿方案，生态保护与恢复规划、计划，落实区内的生态补偿、生态保护和恢复措施”。对于在海洋特别保护区内从事开发利用活动的补偿的规定如下“经依法批准在海洋特别保护区内从事开发利用活动的单位和个人，应当制订生态恢复方案并采取生态补偿措施。对造成海洋特别保护区生态破坏和资源损失的，应当根据国家和省有关规定进行生态与资源补（赔）偿，所得款项全额上缴财政，实行‘收支两条线’管理。实行生态与资源补（赔）偿不免除其按有关规定缴纳排污费、倾倒费的义务”。

9.1.1.2 深圳市海洋生态补偿试点情况

深圳市作为国家海洋生态补偿试点城市，在 2011—2012 年，重点就海洋生态修复工程生态补偿方面推进海洋生态补偿的试点工作。2020 年 1 月，在深圳市人大常委会网站上征求意见的《深圳经济特区海域保护与使用条例（草案）》就深圳市海洋生态补偿提出“对海洋生态环境损害行为强制要求进行生态修复或者缴纳生态补偿金，对海洋自然保护区、特别保护区等重点生态功能区通过财政转移支付等方式予以补偿”。

综上所述，目前国家批准建立的广东省内 6 个国家级海洋特别保护区已纳入全省生态保护区财政补偿转移支付范围，其他海岸带区域尚未纳入生态补偿。

9.1.2 海岸带生态补偿工作基础

9.1.2.1 制度基础

（1）广东省已建立自然岸线管控指标

《广东省海岸带综合保护与利用总体规划》明确了全省 14 个沿海市的严格保护岸线、

限制开发岸线和优化利用岸线目标，其中，严格保护岸线占比超过全省平均水平的沿海市有揭阳、汕尾、惠州、深圳、江门、茂名和湛江等 7 个地级市，占比最高的汕尾市达 56.8%，是占比最低的中山市的 16.2 倍，上述地市海岸线发展权受到较大的限制；优化利用岸线占比超过全省平均水平的沿海市有潮州、汕头、惠州、深圳、东莞、广州、中山、珠海和茂名等 9 个地级市，占比最高的东莞市达 87.5%，是占比最低的湛江市的 5.1 倍，上述地市海岸线发展权较充分。从区域间发展的公平性出发，发展权得到充分发挥的地区有必要对发展权受限地区进行生态补偿（表 9-1）。

表 9-1 沿海地级以上市海岸线分类管控目标

序号	沿海市	严格保护岸线		限制开发岸线		优化利用岸线		合计/km
		长度/km	占比/%	长度/km	占比/%	长度/km	占比/%	
1	潮州市	23.5	31.3	16.7	22.1	35.1	46.6	75.3
2	汕头市	60.9	28.0	63.6	29.2	93.2	42.8	217.7
3	揭阳市	66.8	48.8	35.2	25.7	34.9	25.5	136.9
4	汕尾市	258.4	56.8	103.3	22.7	93.5	20.5	455.2
5	惠州市	130.3	46.3	25.4	9.0	125.7	44.7	281.4
6	深圳市	104.3	42.1	10.6	4.3	133	53.6	247.9
7	东莞市	4.9	5.0	7.2	7.5	85.1	87.5	97.2
8	广州市	7.4	4.7	34.8	22.2	114.9	73.1	157.1
9	中山市	2	3.5	26.3	46.1	28.7	50.4	57
10	珠海市	26.3	11.7	49	21.8	149.2	66.5	224.5
11	江门市	207.1	49.9	81	19.5	126.7	30.5	414.8
12	阳江市	114.8	35.5	129.8	40.1	78.9	24.4	323.5
13	茂名市	75	41.2	18.4	10.1	88.7	48.7	182.1
14	湛江市	501.9	40.3	530.6	42.7	211.2	17.0	1 243.7
合计		1 583.6	38.5	1 131.9	27.5	1 398.8	34.0	4 114.3

（2）广东省正在健全和完善海岸线有偿使用制度

《广东省人民政府办公厅关于推动我省海域和无居民海岛使用“放管服”改革工作的意见》（粤府办〔2017〕62 号）和《关于推进广东省海岸带保护与利用综合示范区建设的指导意见》等文件均提出探索推行海岸线有偿使用制度。包括探索自然岸线异地有偿补充或异地修复制度，推进大陆自然岸线指标交易；探索海岸线占补平衡制度，即对于大陆自然岸线保有率低于或等于 35%的示范区，使用海岸线要按占用自然岸线 1 m 补 1.5 m、占用人工岸线 1 m 补 0.8 m 的比例开展整治修复，恢复海岸线的生态功能。海域和海岸线有偿使用制度的建设，从制度上明确了大陆自然岸线资源的市场价值，同时，也是一种生态补偿的实现方式。

9.1.2.2　技术基础

（1）海岸线价值评估技术

生态补偿制度设计中，生态补偿标准和生态补偿额度核算是最核心的问题之一。海岸带生态补偿标准和生态补偿额度核算必须在对海岸带进行价值评估和地区间保护、收益关系的定量界定的基础上实现。

2017 年 10 月，广东省自然资源主管部门（原省海洋与渔业厅）委托省海洋发展规划研究中心开展海岸线价值评估技术标准编制工作，按照标准化有关工作导则形成规范文本、编制说明征求意见稿。2018 年 6 月至今经过多次专家函询，组织专家咨询会，征求省直有关部门及 14 个沿海市人民政府意见，以及高校、科研院所、用户企业 7 家单位意见，最终形成送审稿。2020 年 5 月初，《海岸线价值评估技术规范（送审稿）》顺利通过广东省标准化研究院组织的专家审定，预计今年将正式发布实施。

该标准通过梳理评估重点问题，结合海岸线属性及管理要求，提出标准主要内容包括范围、术语和定义、总体原则、评估程序、海岸线分类与价值影响因素、主要评估方法、不同类型海岸线价值评估、评估结果和附录。标准界定了海岸线价值及海岸线价值评估的概念，规定了不同类型海岸线价值评估的适用方法及其适用范围，规范了海岸线价值评估报告的格式，明确了评估报告的有效期，从而系统性地规范了海岸线价值评估行为，保障评估结果客观、公平、合理。

该标准是全国首个海岸线价值评估技术规范，将作为广东省海岸线使用占补制度的重要配套文件，探索通过海岸线指标交易推动海岸线生态修复，有效维系提升广东省海岸线自然岸线保有率，促进自然资源的高质量供给。标准一方面将应用于经营性项目用海占用海岸线的价值评估，依据海岸线利用类型，确定评估方法，编制评估报告，参考评估结果指导用海主体有偿使用海岸线。另一方面将应用于海岸线交易中的价值评估，根据海岸线自然属性，评估海岸线的生态服务功能价值和潜在开发利用价值，依据评估结果制定岸线指标交易购买指导价，推动岸线指标交易。该标准的制定和实施，对于海岸带生态补偿政策具有重要的意义，为全省海岸带价值评估提供给了统一的技术规范，是确定海岸带生态补偿标准提供的均一化的技术工具，提高了生态补偿标准的公信力和接受度。

（2）已明确海岸线占补平衡比例

《广东省海岸带综合保护与利用总体规划》明确建立海岸线占补平衡制度。海岸线占补平衡指项目用海排他性占用岸线，需按占用岸线长度，按一定比例整治修复项目用海范围以外的岸线，形成具有自然海岸形态特征和生态功能的海岸线。该规划明确了海岸线占补平衡比例为占用自然岸线按 1∶1.5、占用人工岸线按 1∶0.8 的比例开展整治修复。

海岸线占补平衡比例从制度上明确了自然岸线与人工岸线的价值差异，为海岸带生态补偿中实施差异化生态补偿标准提供了依据。

9.2 海岸带生态补偿工作实施步骤研究

9.2.1 全省海岸带生态补偿工作总目标

基于全省现有生态保护补偿范围包括全省生态发展区、生态保护红线区、禁止开发区和海洋特别保护区。对比分析可知，生态发展区、生态保护红线区、禁止开发区已基本覆盖全省海岸带内陆域发展权受限的生态空间。国家级海洋自然保护区均由自然保护区管理局负责管理，所在地政府不承担国家级海洋自然保护区的属地管理责任。通过生态保护区财政补偿转移支付主要对区县进行发展权受限的补偿。广东省以珠江口中华白海豚国家级自然保护区为例，自然保护区日常管理与保护经费全部来自省级财政拨款，保护区所在的珠海市政府虽然不直接参与保护区的管理，但是其对保护区周围管理的效果对保护区具有直接的影响。省级海洋自然保护区暂未纳入全省生态保护区财政补偿转移支付。

鉴于国家和省所提出的 2020 年生态补偿覆盖海洋的工作目标，建议在 2020 年年底前，启动覆盖全省的地区间海岸带保护生态补偿，以财政转移支付为主。同时，鼓励自然岸线资源或者优质滨海湿地较多的地级市积极开展市域海岸带生态补偿试点，建立和完善海岸带生态补偿制度。未来一个阶段，结合全省海岸带占补平衡制度、自然岸线异地有偿补充或异地修复制度和大陆自然岸线指标交易等工作的推进情况，适度引入社会资金和市场机制，进一步拓展和创新全省海岸带生态补偿形式，最终形成覆盖全省海岸带的、纵横向相结合的、多层次的、市场化、多元化的海岸带生态补偿政策体系。

9.2.2 全省海岸带生态补偿近期工作推进建议

9.2.2.1 广东省海岸带生态补偿机制实施路线图

为实现覆盖全省海岸带的、纵横向相结合的、多层次的、市场化、多元化的海岸带生态补偿政策体系的总体目标，近期应重点从以下三个方面推进相关工作：第一，初步建立省域海岸带生态补偿机制，制定和颁布《广东省海岸带生态补偿实施方案》文件，设立省海岸带生态补偿专项资金，该专项资金来源包括省财政和部分负有生态补偿支付责任的区县，建立“省财政+区县财政”纵横向结合的省域海岸带生态补偿机制。第二，选择典型地市，开展海洋自然保护区、重要滨海湿地、自然岸线类型生态补偿试点，待获得试点经验后在全省推广。第三，在全省自然岸线异地有偿使用、自然岸线指标交易等工作推进过程中，结合生态补偿和海岸带生态产品价值实现的需求，择机建立市场化、多元化的生态补偿机制。前两项工作建议尽快启动，实施 2～3 年后进行实施情况评估、经验总结与优化调整，进一步健全和完善海岸带生态补偿机制。广东省海岸带生态补偿工作路线见图 9-1。

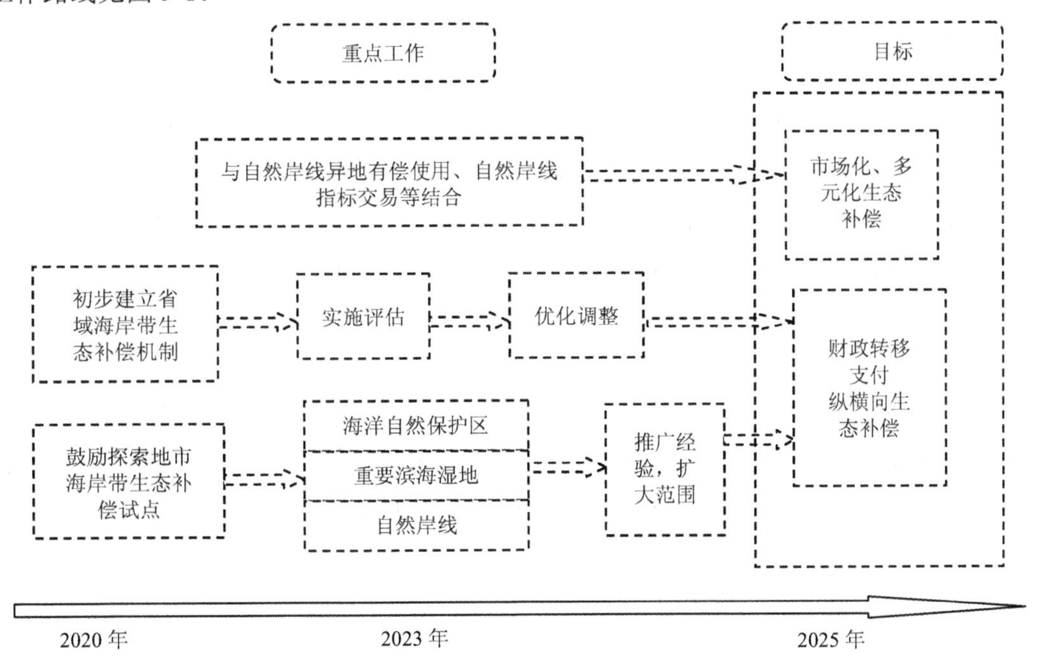

图 9-1　广东省海岸带生态补偿工作路线

9.2.2.2　海岸带生态补偿工作推进关键环节

（1）整体制度设计中应正确处理几对关系

在进行全省地区间海岸带保护生态补偿实施方案设计时，首先，应正确处理新增全省海岸带生态补偿政策与现有国家级海洋自然保护区的生态保护区财政补偿转移支付的关系。对于国家级自然保护区，在地区间海岸带保护生态补偿责任确定时，纳入计算，但是在支付生态补偿资金时，应扣除已经获得的生态保护区财政补偿转移支付资金金额。其次，正确处理海岸带生态补偿和自然岸线指标交易的关系，自然岸线保有率控制目标的下达，实质上是地区海岸线开发权的分配，其中自然岸线保有率目标低的地区获得较充足的海岸线开发权，而反之，自然岸线保有率目标高的地区海岸线开发权则受到一定的制约和限制。通过自然岸线指标交易实质上是保护责任和发展权的交易，交易实现了购买者对保护者的支付，因此，在地区间海岸线生态补偿责任确定时，已交易自然岸线指标应纳入购买地区指标，并从原地区受偿范围和总量中扣减。最后，正确处理生态补偿和保护责任的关系。在现有生态补偿实施过程中，生态补偿标准偏低、未能达到充分开发获益或者相关市场租金等呼声从未停止。持上述观点的人忽略了自然保护区、海洋生态保护红线保护责任是法律法规要求的义务，地区完成自然岸线保护指标是法定责任，当地政府和公众同时也享受了海岸带生态环境保护带来的各种效益，因此，生态补偿不需要也不应该对等开发收益。

（2）完善海岸带生态补偿配套机制，提升政策效果

建立和实施海岸带生态补偿制度的目的在于激励地方进行海岸带生态环境保护，守住海岸带生态保护红线，实现海岸带的有序开发利用与成效保护。这就要求进一步研究海岸带生态补偿配套考核机制、海岸带生态补偿资金使用管理办法等配套机制，确保生态补偿资金发挥最大的海岸带保护效果，从制度上促进属地保护责任的落实。

（3）统一海岸线价值核算技术

无论是海域和海岸线有偿使用、自然岸线指标交易还是海岸带生态补偿，其实施均需以海岸线价值核算技术为基础。有必要同时考虑上述工作的需求，尊重现有海岸线价值核算工作基础，构建统一的海岸线价值核算技术规范，为最终实现海域和海岸线有偿使用、自然岸线指标交易和海岸带生态补偿的共同推进提供坚实的技术基础。

第 10 章

结论、建议及展望

10.1 广东省海岸带生态补偿工作方案建议

10.1.1 海岸带生态补偿范围

按照《广东省海岸带综合保护与利用总体规划》规定，广东省海岸带区域范围涵盖广东沿海县级行政区的陆域行政管辖范围及领海外部界线以内的省管辖海域范围，并将佛山部分地区和东沙群岛纳入。考虑海岸带区域内大陆岸线以内陆域部分的禁止开发区均已纳入现有生态保护区财政补偿和禁止开发区生态补偿固定补助范围，海洋部分暂未划定区县边界，且开发行为较少，故以暂未纳入生态补偿范围的、人类活动较频繁的大陆岸线至−6 m 等深线之间的水域及浸淹或浸湿地带作为海岸带生态补偿实际范围。

10.1.2 海岸带生态补偿类型

广东省海岸带生态补偿包括地区间海岸带生态保护补偿和海岸带内严格保护区生态补偿两种类型。

广东省地区间海岸带生态保护补偿属于新增类型的生态补偿，是指由海岸带内受益者向海岸带内保护责任较重者进行生态补偿，以地区间横向生态补偿为主。

广东省海岸带内严格保护区生态补偿属于现有生态补偿进一步扩大范围，以省级财政纵向补偿为主。进一步扩大省生态保护区财政转移支付的范围，实现对生态发展区、生态保护红线区、禁止开发区及国家级海洋特别保护区全覆盖，由 26 个重点生态功能区县扩围至 48 个生态发展区县，由 50 个国家级禁止开发区扩围至 145 个省级以上禁止开发区，但是海岸线内自然保护区仅纳入 6 个国家级海洋特别保护区。可见，省生态保护区财政转移支付对海洋自然保护区的覆盖度低于陆地自然保护区，下一步应争取将全省 47 个海洋禁止类红线区（总面积 2 425.05 km^2）全部纳入省生态保护区财政转移支付覆盖范围。

10.1.3 海岸带生态补偿的主客体

广东省地区间海岸带保护生态补偿主要基于海岸带内地区间自然岸线保有率等海岸带保护目标任务、海岸带生态系统服务价值密度的差异。广东省地区间海岸带保护生态补偿以海岸带区域内区县之间横向生态补偿为主，其中，海岸带保护任务较轻、获得外溢生态系统服务的区县为海岸带生态补偿的主体，海岸带保护任务较重、提供外溢生态系统服务的区县为海岸带生态补偿的客体。

鉴于目前无论是海岸带区域整体还是滨海湿地，其生态系统服务价值密度均低于全省陆地生态系统服务价值平均密度，因此，海岸带以外地区对海岸带地区无生态补偿支付责任。省财政仅需在省生态保护区财政转移支付中安排全省 47 个海洋禁止类红线区生态补偿资金。综上，省政府是海岸带内严格保护区生态补偿的主体，拥有海岸带严格保护区的区县为补偿客体。

10.1.4 地区间海岸带保护生态补偿标准核算方法

海岸带区域内地区间海岸带保护生态补偿责任应由地区的海岸带保护任务、地区间生态系统服务提供与享受关系决定。区县的生态系统服务价值指数大于 1，表示该区县的生态系统服务价值密度大于平均值，向其他区县提供外溢的海岸带生态系统服务，应获得补偿。区县的生态系统服务价值指数小于 1，表示该区县的生态系统服务价值密度小于平均值，将获得其他区县的外溢海岸带生态系统服务，应支付补偿。

考虑海岸带生态补偿的目的在于激励地区主动开展海岸带保护和管理，因此，在资金分配上亦应对地区的海岸带保护任务有所考虑。而地区的海岸带保护任务与其大陆自然岸带保护任务和禁止类海洋保护红线管理任务有关，可分别利用大陆自然岸带保护任务指数和禁止类海洋保护红线面积指数来表征。

10.1.4.1 应支付的生态补偿资金核算方法

补偿主体型区县的生态系统服务价值密度小于平均值，将获得其他区县的外溢海岸带生态系统服务，应支付补偿。其生态补偿支付资金规模由其生态系统服务价值指数、大陆自然岸带保护任务指数和禁止类海洋保护红线面积指数决定。

补偿主体型区县应支付的海岸带生态补偿资金核算公式见式（5-12）。

10.1.4.2 可获得的生态补偿资金核算方法

补偿客体型区县的生态系统服务价值密度大于平均值，将向其他区县提供外溢海岸带生态系统服务，应获得补偿。其可获得的生态补偿资金规模由其生态系统服务价值指数、大陆自然岸带保护任务指数和禁止类海洋保护红线面积指数决定。

补偿客体型区县可获得的海岸带生态补偿资金核算公式见式（5-13）～式（5-16）。

10.1.4.3 全省海岸带生态补偿资金总规模的确定

根据纳入生态补偿的海岸带范围所提供的生态系统服务价值总量，判断全省海岸带生态补偿资金总规模应不高于 610.36 亿元/a，根据全省海岸带内公众的支付意愿，判断全省地区间海岸带保护生态补偿资金总规模应不高于 513.24 亿元/a。考虑目前全省生态保护区财政补偿总规模为 67 亿元/a，全省海岸线生态修复和重点海湾整治专项资金规模为 5 亿元/a，建议基于地方财政承受能力，合理确定全省海岸带生态补偿资金总规模在 1 亿元/a 左右，启动地区间海岸带保护生态补偿实施后，进行动态评估适时调整资金规模与生态补偿机制。

10.1.5 海岸带内严格保护区生态补偿金核算方法

省政府对海岸带内严格保护区（主要指省级及以上自然保护区）的生态补偿应纳入全省生态保护区财政补偿，属于禁止开发区和海洋特别保护区财政补助。其生态补偿资金规模核算可参考《广东省生态保护区财政补偿转移支付办法》第八条规定，根据各县禁止开发区域和海洋特别保护区的面积、个数及该县基本财力保障需求计算确定资金规模，计算公式见式（5-17）。

10.1.6 地区间海岸带保护生态补偿资金管理

10.1.6.1 生态补偿资金来源

进一步吸纳社会资金，逐步建立市场化的生态补偿机制，不断丰富补偿资金，最终建立来源多元化、资金规模扩大化的广东省海岸带生态补偿基金，该基金的资金来源主要有以下几个渠道：① 部分中央、省收取的海域使用金。② 部分海洋与渔业资源环境损失赔偿。③ 中央海洋生态保护修复资金。④ 省财政预算安排。⑤ 大陆自然岸线指标交易、自然岸线有偿使用金等来源的社会资金。

10.1.6.2 资金支持范围

除生态保护区财政补偿转移支付外，省海岸带生态补偿资金支持范围分为两类：其一为损失性补偿，为具体实施海岸带生态保护的个人、单位、政府损失的机会成本。其二为海岸带生态系统保护与修复，包括：① 生态保护类，对红树林、海域海岛、海岸带等生态系统较为脆弱或生态系统质量优良的自然资源实施保护。② 重点海湾整治与修复类，推进海岸海域空间整理与环境改造，滨海滩涂湿地生态修复，海岸带综合清理整治，海湾岸线的自然化、生态化、绿植化改造，环境综合治理等。③ 海岸带公共服务类，推进海岸带保护与利用综合示范区建设，深化海岸带管理体制改革以及海洋生态预警监测等。

10.1.6.3 资金管理模式

广东省海岸带生态补偿资金管理模式设计划分为三种类型：

其一，对海岸带禁止开发区损失补偿，由省财政预算安排，纳入省生态保护区财政补偿转移支付体系，从现有的仅 6 个国家级海洋特别保护区进一步扩大至省级及以上海洋自然保护区，基本实现海岸带禁止开发区全覆盖。

其二，海岸带地区间横向生态补偿，由海岸带保护任务较轻、获得外溢生态系统服务的区县向海岸带保护任务较重、提供外溢生态系统服务的区县支付生态补偿金。

其三，市场化、多元化的海岸带生态补偿基金，统筹现有涉海岸带生态保护专项资金，吸纳大陆自然岸线指标交易、自然岸线有偿使用金等来源的社会资金，重点支持跨区域的生态补偿及海岸带生态保护及修复工程。

10.1.7 配套工作机制

10.1.7.1 建立海岸带生态补偿制度动态调整机制

广东省海岸带生态补偿工作实行动态评估和滚动实施机制。生态补偿工作办法评估每三至五年开展一次。以评估周期为生态补偿标准以 3～5 年为一个周期，评估并调整生态补偿标准、对象和相关政策评估与调整周期，保障生态补偿政策的效果适应广东省海岸带生态补偿需求，更新海洋生态服务价值和资源损害的量化，力求达到海岸带生态补偿具有科学的指标体系。

10.1.7.2 设置海岸带生态补偿工作问责机制

地方政府应加强对补偿制度的管理，并对海岸带的经济补偿实行法制化，建立健全海岸带生态补偿资金管理办法和制度，使海岸带生态效益的补偿有法可依，且有法必依。首先，尽快明确海岸带管理领域省级与市县财政事权和支出责任划分，明确地区海岸带管理和保护属地责任，特别是受补偿地区的海岸带保护责任。其次，建立问责制度。将自然岸线保护纳入沿海地方政府政绩考核，对违规审批占用自然岸线用海项目、未完成自然岸线保有率管控目标的，进行通报批评、限期整改，并依法追究相关人员责任，同时，扣减对其生态补偿资金分配。

10.1.7.3　探索海岸带生态补偿公共参与机制

应及时对海岸带生态补偿制度实施重要环节的关键信息予以公开，向社会公众提供准确、清晰、翔实的海岸带生态补偿信息，保障公众的知情权。建立公众对海岸带生态补偿工作的参与、监督机制，吸纳海岸带生态补偿各利益相关方和社会公众参与监管，以保证补偿工作的公正性和有效性。

10.1.7.4　建设海岸带生态补偿考核机制

为进一步激发受补偿地区落实海岸带生态环境保护属地责任，应建立海岸带生态补偿配套考核机制，重点考核属地海岸带管理责任落实情况、海岸带生态补偿资金使用效果等，考核结果将作为下一年度地区间海岸带保护生态补偿资金和海岸带相关生态保护和修复资金分配的主要依据。

10.2　研究展望

10.2.1　进一步探讨自然岸线与人工岸线生态系统服务价值差异

本研究在地区间海岸带保护生态补偿标准核算中，利用遥感数据，核算了广东全省各沿海区县海岸带的生态系统服务价值及其价值密度，但是，由于缺乏自然岸线分布数据，暂未能核算和探讨自然岸线与人工岸线的生态系统服务功能及其价值的水平差异。下一个阶段，有必要选择典型地区，开展自然岸线与人工岸线生态系统服务价值对比性评估，研究分析自然岸线与人工岸线的生态系统价值密度差异，为海岸线占比平衡比例、自然岸线异地有偿补充或异地修复制度和进一步细化海岸带生态补偿标准核算体系提供科学依据。

10.2.2　进一步完善海岸带生态产品价值实现机制

优质生态产品是最普惠的民生福祉，是维系人类生存发展的必需品。生态产品价值实现的过程，就是将生态产品所蕴含的内在价值转化为经济效益、社会效益和生态效益的过程。建立健全生态产品价值实现机制，既是贯彻落实习近平生态文明思想、践行“绿水青山就是金山银山”理念的重要举措，也是坚持生态优先、推动绿色发展、建设生态文明的必然要求。广东省海岸带为全省人民提供了丰富的优质生态产品，建立海岸带生态产品价值实现机制有利于为海岸带提供源源不断的保护动力。

生态补偿是以政府为主体的生态产品价值实现方式，单纯依靠生态补偿是远远不够的，必须按照“政府主导、企业和社会各界参与、市场化运作、可持续的生态产品价值实现路径”要求，进一步完善和丰富广东省海岸带生态产品价值实现机制。

10.2.3 进一步探讨沿海各市内部陆海补偿差异及其综合补偿机制

海岸带范围内包括了陆域和海域，本研究基于现行省生态保护区财政转移支付已经覆盖陆域内的生态发展区、生态保护红线区、禁止开发区和全省 6 个海洋特别保护区，且海岸带平均生态系统服务价值密度低于陆地生态系统服务价值密度，认为海岸带外地区不需要对海岸带进行生态补偿。因此，在省域层面上，提出扩大省生态保护区财政转移支付至覆盖海岸带内严格保护区，启动实施地区间海岸带保护生态补偿的建议。而对于部分沿海地级市来说，可能其市域内部海岸带生态系统服务价值密度大于海岸带内地区，则应进一步探讨市域内部陆海补偿差异及其综合补偿机制，构建陆海统筹的市域综合生态保护补偿机制。

附　录

附录 1　广东省海岸带生态补偿支付意愿调查问卷

尊敬的先生/女士：

您好！这是生态环境部华南环境科学研究所为了进行广东省海岸带生态环境保护和生态补偿研究而进行的公益性问卷调查。

广东省陆地海岸线长 4 114.3 km，是我国大陆岸线最长的省份。然而，由于粗放式开发，导致海岸带低效占有，海岸带特色生态系统和渔业资源衰退，局部地区景观趋于破碎化，湿地、防护林和沙滩等被侵占，海岸带生态环境质量和生态功能降低。为保护和改善自然岸线质量和整治被破坏岸线，需要开展海岸带生态环境保护工作。

希望您在百忙之中抽出时间配合我们的调查工作。本次调查采取匿名调查方式，在调查过程中不会要求您对问卷中涉及的金额进行支付。希望您能够和我们一起努力，认真完成这份调查问卷。

自然海岸

自然海岸——滨海湿地

人工海岸——港口

人工海岸——阳江黄金敏捷海岸度假区

第一部分：基本信息调查

1．您所在的区域？

A．广州　B．深圳　C．珠海　D．汕头　E．佛山　F．韶关　G．河源

H．梅州　I．惠州　J．汕尾　K．东莞　L．中山　M．江门　N．阳江

O．湛江　P．茂名　Q．肇庆　R．清远　S．潮州　T．揭阳　U．云浮

2．您认为海岸带重要吗？

A．重要　B．不清楚　C．不重要

3．您对广东省海岸带当前的保护与开发状况如何评价？

A．自然岸线较多，保护得很好　B．保护较好，有序开发

C．过度开发，人工化严重　D．不了解，不做评价

4．您认为政府有必要进一步加强自然岸线保护并出台相关政策吗？

A．没有　B．无所谓　C．有

5．您认为海岸线保护除了能产生经济效益外，还具有调节当地水资源和水动力的生态效益吗？

A．没有　B．不清楚　C．有

6．您认为海岸线保护除了能产生经济效益外，还具有增强环境容量的生态效益吗？

A．没有　B．不清楚　C．有

7．您认为海岸线保护除了能产生经济效益外，还具有维持生物多样性的生态效益吗？

A．没有　B．不清楚　C．有

8．您认为自然岸线长度减少和质量降低对您的生活有直接影响吗？

A．影响很大　B．有一些影响　C．影响很小

D．没有影响　E．不清楚

9．您认为自然岸线长度减少和质量降低对子孙后代今后的生活有直接影响吗？

A．影响很大 B．有一些影响 C．影响很小 D．没有影响 E．不清楚

10．2019 年，您本人到海边游玩多少次？

A．没去过 B．1 次 C．2 次 D．3 次 E．4 次 F．其他：___

11．您目前居住地与海边的距离是？

A．车程 0.5 小时以内 B．车程 0.5～1 小时 C．车程 1～2 小时

D．车程 2～3 小时 E．车程 3 小时以上 F．没去过海边，不清楚

第二部分：生态价值支付意见调查

12．如果要为了保护全省海岸线生态环境支付一定的资金，未来的五年内，需要您每年从您的收入中拿出 50 元用来进行海岸带生态环境保护，您是否同意？

请注意：现在大家越来越重视生态保护，同时我们还有各种生活开销，请您回答问题时综合考虑这些因素。

A．同意（继续问第 13 题） B．不同意（跳问第 15 题）

13．每年从您的收入中拿出 100 元，您是否同意？

A．同意（继续问第 14 题） B．不同意（继续问第 14 题）

14．请问你最多愿意支付多少元？

________元（跳问第 18 题）

15．每年从您的收入中拿出 25 元，您是否同意？

A．同意（继续问第 16 题）

B．不同意（跳问第 17 题）

16．请问你最多愿意支付多少元？

________元（跳问第 18 题）

17．如果再少些，我会支付____元。（如果选择 0 元，跳问第 19 题，否则继续问第 18 题）

A．0 元 B．1 元 C．2 元 D．3 元 E．4 元 F．5 元

G．6 元 H．7 元 I．8 元 J．9 元 K．10 元 L．11 元

M．12 元 N．13 元 O．14 元 P．15 元 Q．16 元 R．17 元

S．18 元 T．19 元 U．20 元 V．21 元 W．22 元 X．23 元

Y．24 元

18．您会选择以下哪种支付方式？（跳问第 20 题）

A．税收

B．捐款

C．由政府设立并管理的保护基金

D．由非政府组织设立并管理的保护基金

E．义务劳动（折合人民币）

F．其他：________

19．请选择您拒绝支付的原因________。（跳问第三部分）

A．保护海岸带生态环境是国家和政府的责任，不应该由普通居民承担费用

B．我目前没有能力支付这些费用

C．现在全省海岸带生态环境状况很好，不需要保护

D．海岸带保护了，我也享受不到

E．担心我支付的钱不会用于海岸带生态环境保护

F．其他原因（请说明）：______________________________

20．如果您愿意支付一定金额，您希望您的捐款被用在何处？

A．优先改善与自己居住地距离较近的海岸带生态环境

B．优先改善全省海岸带中破坏最严重的岸带

C．优先改善全省海岸带中生态威胁较严重的自然岸带

D．优先改善全省海岸带中人工岸带的生态修复

E．改善哪部分都可以

F．其他（请说明）：________

第三部分：受访者基本情况

21．您的性别是？

A．男　　B．女

22．您的年龄是？

A．20岁以下　　B．21～30岁　　C．31～40岁

D．41～50岁　　E．51～60岁　　F．60岁以上

23．您的文化程度是？

A．小学及以下　　B．初中　　C．高中（中专）

D．大学　　E．研究生及以上

24．您的职业是？

A．农民　　B．普通工人　　C．管理人员、医生、教师、公务员

D．军人　　E．个体户　　F．商业、服务业从业人员

G．退休人员　　H．学生　　I．其他（请说明）：_______

25．您的个人 2019 年全年的总收入[218]是？

A．1 万元以下 B．1 万～2 万元 C．2 万～4 万元
D．4 万～6 万元 E．6 万～8 万元 F．8 万～10 万元
G．10 万～12 万元 H．12 万～15 万元 I．15 万～20 万元
J．20 万元以上

26．过去五年，您是否曾进行生态环境保护相关的捐赠？

A．是 B．否 C．不确定

感谢您的参与以及您对广东省自然岸线保护的关注！

---

218 2019 年，城镇常住居民人均可支配收入 48 118 元，同比增长 8.5%，增速比上年提高 0.3 个百分点；农村常住居民人均可支配收入 18 818 元，同比增长 9.6%。

附录 2　广东省海岸带自然保护区生态补偿支付意愿调查问卷

尊敬的先生/女士：

您好！这是生态环境部华南环境科学研究所为了进行广东省海岸带生态环境保护和生态补偿研究而进行的公益性问卷调查。

广东珠江口中华白海豚国家级自然保护区位于珠江口水域内伶仃岛至牛头岛之间，面积约 460 km^2。1999 年 10 月由广东省政府批准建立珠江口中华白海豚自然保护区，2003 年 6 月由国务院正式批准晋升为国家级自然保护区。2007 年 11 月保护区加入中国生物圈保护区网络。该保护区的建立不但最大限度地减少了人为干扰、挽救濒危的中华白海豚种群，同时也保护了珠江口水域自然环境的生物多样性，修复了海洋生态系统，增殖了渔业资源，为经济可持续发展提供了保障。为了保障中华白海豚及其生境的可持续安全，应在保护区内及周围进行开发行为限制和生态环境保护，除政府财政投入之外，考虑利用生态补偿等方式增加投入。

希望您在百忙之中抽出时间配合我们的调查工作。本次调查采取匿名调查方式，在调查过程中不会要求您对问卷中涉及的金额进行支付。希望您能够和我们一起努力，认真完成这份调查问卷。

中华白海豚

保护区一景

第一部分：基本信息调查

1．您所在的区域？

A．广州	B．深圳	C．珠海	D．汕头	E．佛山	F．韶关
G．河源	H．梅州	I．惠州	J．汕尾	K．东莞	L．中山
M．江门	N．阳江	O．湛江	P．茂名	Q．肇庆	R．清远

S．潮州　　T．揭阳　　U．云浮

2．您认为海岸带自然保护区重要吗？

A．重要　　B．不清楚　　C．不重要

3．您认为有没有必要将具有珍稀动植物或者重要生境的海洋和海岸带区域设立保护区并进行严格保护呢？

A．没有　　B．无所谓　　C．有

4．您认为广东省海洋和海岸带当前的保护与开发状况如何评价？

A．保护得很好，生态环境质量良好　　B．保护较好，生态环境质量较好

C．过度开发，生态环境质量受损明显　　D．不了解，不做评价

5．您认为政府有必要进一步加强海洋和海岸线保护并出台相关政策吗？

A．没有　　B．无所谓　　C．有

6．您认为海洋和海岸线保护除了能产生经济效益外，还具有调节当地水资源和水动力的生态效益吗？

A．没有　　B．不清楚　　C．有

7．您认为海洋和海岸线保护除了能产生经济效益外，还具有增强环境容量的生态效益吗？

A．没有　　B．不清楚　　C．有

8．您认为海洋和海岸线保护除了能产生经济效益外，还具有维持生物多样性的生态效益吗？

A．没有　　B．不清楚　　C．有

9．您认为海洋和海岸带生态环境破坏对子孙后代今后的生活有直接影响吗？

A．影响很大　　B．有一些影响　　C．影响很小

D．没有影响　　E．不清楚

10．2019年，您本人到滨海湿地公园、海洋自然保护区等保护区游玩多少次？

A．没去过　　B．1次　　C．2次　　D．3次及以上

11．您目前居住地与海边的距离是？

A．车程0.5小时以内　　B．车程0.5～1小时　　C．车程1～2小时

D．车程2～3小时　　E．车程3小时以上　　F．没去过海边，不清楚

第二部分：生态价值支付意见调查

12．如果要为了保护广东珠江口中华白海豚国家级自然保护区支付一定的资金，未来的五年内，需要您每年从您的收入中拿出40元用来进行该保护区生态环境保护，您是否同意？

请注意：现在大家越来越重视生态保护，同时我们还有各种生活开销，请您回答问题时综合考虑这些因素。

A．同意（继续问第 13 题）　　　　B．不同意（跳问第 15 题）

13．每年从您的收入中拿出 80 元，您是否同意？

A．同意（继续问第 14 题）　　　　B．不同意（继续问第 14 题）

14．请问你最多愿意支付多少元？

________元（跳问第 18 题）

15．每年从您的收入中拿出 20 元，您是否同意？

A．同意（继续问第 16 题）　　　　B．不同意（跳问第 17 题）

16．请问你最多愿意支付多少元？

________元（跳问第 18 题）

17．如果再少些，我会支付____元。（如果选择 0 元，跳问第 19 题，否则继续问第 18 题）

A．0 元　B．1 元　C．2 元　D．3 元　E．4 元　F．5 元

G．6 元　H．7 元　I．8 元　J．9 元　K．10 元　L．11 元

M．12 元　N．13 元　O．14 元　P．15 元　Q．16 元　R．17 元

S．18 元　T．19 元

18．您会选择以下哪种支付方式？（跳问第 20 题）

A．税收

B．捐款

C．由政府设立并管理的保护基金

D．由非政府组织设立并管理的保护基金

E．门票

F．义务劳动（折合人民币）

G．其他：________

19．请选择您拒绝支付的原因？（跳问第三部分）

A．自然保护区管理是国家和政府的责任，不应该由普通居民承担费用

B．我目前没有能力支付这些费用

C．现在广东珠江口中华白海豚国家级自然保护区管理已经很好，不需要增加投入

D．该保护区保护了，我也享受不到

E．担心我支付的钱不会用于保护区保护

F．其他原因（请说明）：________________________

20．如果您愿意支付一定金额，您希望您的捐款被用在何处？

A．优先改善与自己居住地距离较近的海洋和海岸带生态环境

B．优先改善全省海洋和海岸带中破坏最严重的部分

C．优先保护全省海洋和海岸带中目前质量最好的部分

D．优先改善全省海洋和海岸带中可供旅游的部分

E．改善哪部分都可以

F．其他（请说明）：________

第三部分：受访者基本情况

21．您的性别是？

A．男　　B．女

22．您的年龄是？

A．20 岁以下　　B．21～30 岁　　C．31～40 岁

D．41～50 岁　　E．51～60 岁　　F．60 岁以上

23．您的文化程度是？

A．小学及以下　　B．初中　　C．高中（中专）

D．大学　　E．研究生及以上

24．您的职业是？

A．农民　　B．普通工人　　C．管理人员、医生、教师、公务员

D．军人　　E．个体户　　F．商业、服务业从业人员

G．退休人员　　H．学生　　I．其他（请说明）：_______

25．您的个人 2019 年全年的总收入[219]是？

A．1 万元以下　　B．1 万～2 万元　　C．2 万～4 万元

D．4 万～6 万元　　E．6 万～8 万元　　F．8 万～10 万元

G．10 万～12 万元　　H．12 万～15 万元　　I．15 万～20 万元

J．20 万元以上

26．过去五年，您是否曾进行生态环境保护相关的捐赠？

A．是　　B．否　　C．不确定

感谢您的参与以及您对广东省海洋和海岸线保护的关注！

---

219 2019 年，城镇常住居民人均可支配收入 48 118 元，同比增长 8.5%，增速比上年提高 0.3 个百分点；农村常住居民人均可支配收入 18 818 元，同比增长 9.6%。